내가 꿈꾸는 그곳

내가 꿈꾸는 그곳

이정민 지음

이담 Books

저자의 인세 전액은 키르키스스탄 텔만마을과 5.1 마을의 유치반 유지비와
우리나라 에코팜므(EcoFemme)의 이주여성 지원비로 쓰입니다.

당신의 젊음이 담긴 빛바랜 군대사진
곰팡내 나고 누렇게 변한 책에서
꿈 많았던 당신의 젊음을 훔쳐봅니다.

하늘에 낮과 밤이 있는 것처럼
땅에도 낮과 밤이 있었던 세상.

시대의 흐름에 따라 땅의 어둠에서
오롯한 삶을 바치신 나의 아버지.

당신의 희생으로 세상은 편하게 바뀌었고
꿈을 저버린 젊음에게 에움할 시간도 없이
덧없이 흘러간 당신의 고단했던 삶.

당신의 젊음과 엇비끼는 편한 삶을 사는 나
열심히 살라고 앞서서 보여 주신
나의 아버지께 이 책을 바칩니다.

느리게 산다는 삶의 의미를 알려준 동남아시아를 한 바퀴 돌 때 내 안의 것을 완전히 없애고 나서 채우는 연습을 했어야 했다. 8개월의 긴 여행을 끝내고 돌아온 일상에서 나쁜 감정들이 점점 웃자라고, 어떤 것은 쉽게 다짐 못하고 양가감정이 되어 힘듦으로 고스란히 남아 마음의 시선을 자꾸만 땅으로 꺼지게끔 만들었다. 5년 전, 나의 신이 나쁜 마음의 웃자람을 단번에 낮추어서 내 산을 더욱 높여 주고, 계곡이 깊게 흐르게 해주었던 내 협곡이 있는 곳과 따뜻한 친구들도 그리웠다. 낡은 전차에서 한 할머니가 노래를 부르니 다른 할머니도 노래를 부르던 전차 안의 영상이 내내 잊히지 않았던 키르기스스탄(Kyrgyzstan)으로 떠나려고 다시 배낭을 둘러멨다.

중국(China) 우루무치(Urumqi)로 들어가는 기차에서부터 마음이 뒤보깨고, 키르기스스탄(Kyrgyzstan)에서 추억을 걷고, 타지키스탄(Tajikistan)의 대자연을 따라 생각의 소용돌이에 빠져 영혼마저 아팠던 나는 더 이상 트래킹하지 않겠다고 외쳐댔고, 우즈베키스탄(Uzbekistan)에서 예비해 둔 만남과 광야의 길에 소금기둥이 되지 않게 해주심에 놀라고, 아는 것이 별로 없는 은둔의 나라 투르크메니스탄(Turkmenistan)에서 마음을 바로잡고 카자흐스탄(Kazakhstan)에서 또 다른 준비된 만남에 어려움을 능히 이겨낼 수 있는 힘을 얻고, 끝으로 몽골(Mongolia)에서 가족의 훈훈함으로 우리나라 절기상 첫가을에 벼락바람이 휘몰아친 겨울 추위를 이겨냈다. 이렇게 4개월간 중앙아시아 길 위에서 웃자란 내 나쁜 감정을 없앤 그 자리에 은혜로움과 따뜻함을 채워 넣는다. 사막 같았던 내 마음의 오아시스가 되어준 중앙아시아.

중앙아시아 6개국 곳곳에서, 심지어 산골 마을에도 레닌 동상과 제2차 세계대전 때 러시아(Russia)와 협력하여 독일군을 무찔렀다는 승전비가 있으며 소련연방에서 독립한 지 겨우 20년밖에 안 된 청년 대륙. 이곳에서 나는 문화(관습)에 따른 아동과 여성의 권리를 직접 보고, 현지인들과 한국인 선교사들로부터 듣기도 했다. 유목민의 삶에서 아동과 여성의 권리는 여전히 많은 구속을 받고 있었다. 많이 사라졌다고 하나 지금도 버젓이 일어나고 있는 '보쌈(젊은 여성 인신매매)'을 일부에서는 전통으로 보는 키르기스스탄(Kyrgyzstan)과 카자흐스탄(Kazakhstan), 정략결혼과 근친상간으로 힘들어하는 여성들이 여전히 있는 우즈베키스탄(Uzbekistan)과 타지키스탄(Tajikistan). 이는 시골로 들어갈수록 더 심각하다고 한다.

한여름에 만나는 겨울꽃 만년설과 수평선이 보이는 호수, 산기슭 아래 푸른 초원 위에 듬성듬성 있는 유목민들의 삶, 많은 옷을 갈아입는 세계의 지붕 파미르고원, 동서양을 이어주는 끝없는 실크로드와 찬란한 이슬람 유적지, 풍부한 자원과 꼭꼭 숨은 나라, 바다인지 호수인지 말도 많으나 국제여객선이 뜨는 카스피 해, 드넓은 몽골 초원,

비슷비슷 닮은 듯한 음식……. 우리에게 여행지로 잘 알려지지 않은 중앙아시아의 아름다움을 보여 주고 싶어서 책으로 엮어 보았다.

　이 책을 통해 많은 분들께 감사함을 전한다. 먼저, 5년 전에 내 산을 높고, 내 산을 높고 깊은 강으로 만들어 주신 "내가 꿈꾸던 그곳"에 다시 설 수 있게 해주신 것과 소망대로 내 안의 것을 없애고 은혜로움과 감사함으로 채워 영적으로 성장하여 진정한 어른이 되게 해주신 하나님. 금융제도가 불편했고, 뜻밖의 상황에서 광야의 길에 서 있던 나에게 망설임 없이 지원을 아끼지 않은 가족들과 벗들에게, 예비해두신 만남 속에 넉넉하지 않은 살림이나 이것저것 챙겨 주신 현지인들과 한국인 선교사들, 그리고 같은 마음으로 얘기도 들어주고 여행정보를 나눈 여행자들. 끝으로, 글로 자기의 것을 다 못 담는 애송이가 보고 들은 것을 책으로 나올 수 있게끔 엮어 주신 한국학술정보(주) 관계자들, 다시 한 번 고맙습니다.

2011년 첫겨울 어느 날

텔만 마을과 5·1 마을 유치반

　　1991년, 사회주의가 무너짐과 동시에 소련연방에서 독립하게 된 키르기스스탄(Kyrgyzstan)도 여느 주변 나라처럼 색이 없는 짙은 회색빛으로만 감돌았었다. 그동안 사회주의 체제 속에 파괴되었던 인간의 본성과 영혼, 그리고 사회제도를 어찌해야 할지 모르는 큰 혼란을 겪었다. 독립한 지 20년이 된 오늘날, 걷기를 끝낸 중앙아시아는 다른 나라 혹은 국제기구와 한뜻이 되어 이제는 뛸 준비를 하고 있다.

　　나라 전체는 뛸 준비를 하고 있으나, 싸느란 겨울 추위와 열브스름한 저녁 어둠이 일찍 찾아오는 산기슭 마을에 사는 주민들은 걸음마 단계의 아이와도 같다. 수도 비슈케크(Bishkek)에서 작은 버스(마슈카르)를 두 번 갈아타고 넉넉히 2시간 걸리는 산골 마을 텔만(Telman). 제2차 세계대전 때 러시아(Russia)와 함께 독일군과 맞서 전쟁을 치렀던 곳으로 러시아인과 독일군들이 살았던 마을 중 한 곳이기도 하다. 마을 전체인구는 1,187명이고, 16~28세 젊은이는 356명, 청소년은 280명인 이 작은 마을에 학교는 1개(정부에서 지원한 학교)이고, 유치반 1개(추이 미래지도자학교에서 지원한 유치반)가 전부이다.

독립 15주년이었던 2006년 하반기(6개월)에 키르기스스탄(Kyrgyzstan)과 의 첫 만남은 코이카(KOICA, 한국국제협력단)와 한국해외원조단체협의회 (KCOC)에서 해외에 있는 비영리단체에 자원활동가를 파견하는 '에멜 무지로 사업'이었다. 나와 다른 두 명의 단원들은 그레이트게임(The Great Game)이 끝나지 않았는지 러시아제 비행기가 쉴 새 없이 하늘을 휘젓는 러시아부대 근처의 '추이미래지도자학교(The Chui Leadership Training School)'에서 첫 삽을 들었다.

같이 파견된 류예정 씨와 함께 텔만(Telman) 마을과 5·1 마을에 유 치반을 설립, 관리를 위해 마을로 출퇴근하면서 꿈이 없는 듯 어두운 표정의 젊은이들을 보며 마음이 아파했다. 사회주의 사고방식이 짙게 깔린 부모세대와 독립 후에 태어난 자녀 사이에 생각이 달라 마음의 벽이 생기고, 가난으로 더 배울 수가 없으며 딱히 취업할 곳도 없는 사회의 부족함 속에 생을 끝막음할 정도로 젊음이 일그러지고 있다.

게다가 가난한 동네에 유치반이 없던 시절에는 어린이들이 부모 손에 이끌려 밭으로 나가 고사리손이라도 거들어야만 했다. 어린이들 에게 놀 권리와 학교에 갈 권리가 없었다. 5년이 지나고 다시 찾은 텔 만(Telman) 마을과 5·1 마을에서 유치반이 지속적으로 운영되고 있으 나, 학습교재와 놀이도구 등이 턱없이 부족한 형편임을 보았다. 내가 그곳을 다시 찾았을 때, 희망도 없고 미래가 보이지 않던 한 젊은이 (텔만 마을 거주)가 또 스스로 목숨을 끊었다는 슬픈 소식에 부모의 마음 처럼 아릿댔다.

▶ 텔만 마을과 5·1 마을의 학교 건물

에코팜므(EcoFemme)는 이주여성이 우리 사회에 하나의 힘이 되어 다양한 문화가 어우러지는 아름답고 따뜻한 세상을 꿈꾸는 비영리 민간단체이다. 여러 이야기를 안고 낯선 한국 땅에서 살아가는 이주여성이 잘 적응하고, 자립하여 주도적인 삶을 살 수 있도록 교육하고 지원한다. 또한 이주여성들을 위한 상담과 교육서비스를 제공하는 것은 물론, 예술적 소양을 발굴하고 계발하여 '작가되기'를 지원하며 경제적 활동뿐만 아니라 문화적 역량을 끌어올리고 있다. 직접 기획한 작품(주로 자국문화가 담긴 작품)이 상품화되면 그 수익금은 이주여성과 단체가 공정하게 분배하고 작가에게 로열티도 지급한다. 서울 홍대에 있는 매장에는 이주여성들이 손수 만든 수공예품, 공정무역을 통해 들여온 아프리카 수공예품들, 친환경재료로 만든 아시아 수공예품들을 판매하고 있다.

・자세한 내용은 http://www.ecolemme.or.kr 참조
▶ 에코팜므 홍대매장

차례

지도로 보는 중앙아시아 한 바퀴

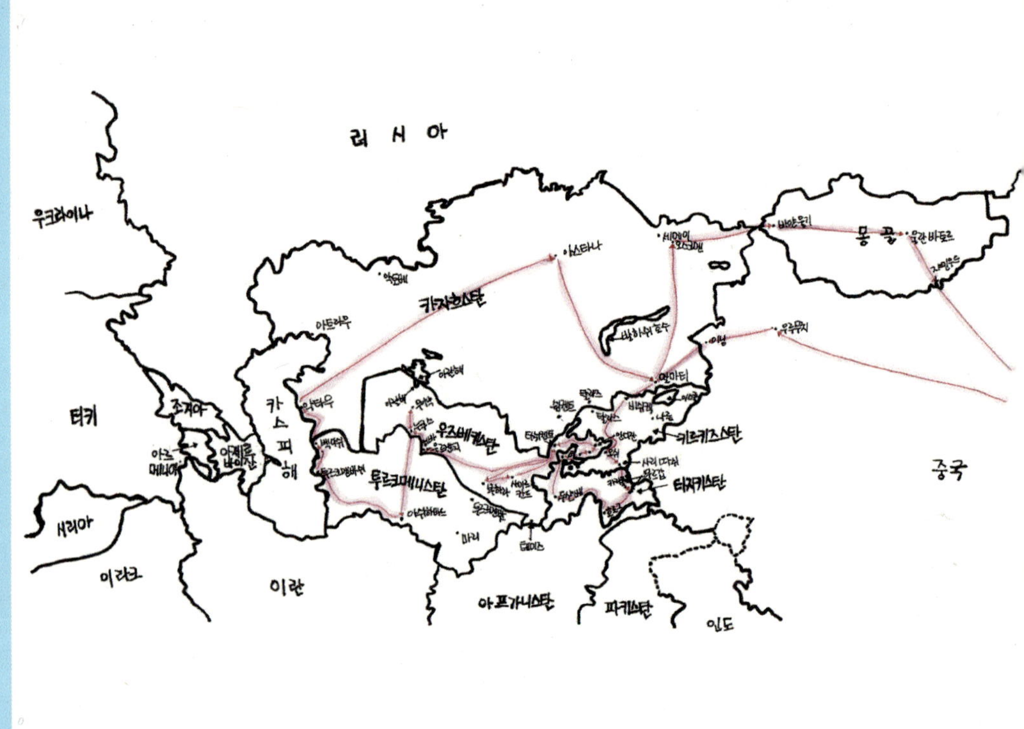

1991년에 소련연방체제(USSR)는 무너졌고, 그 당시 나는 8살로 초등학교(The Secondary School) 2학년이었다. 우리 어린이들은 그 상황을 잘 이해하지 못했고, 그저 학교 프로그램도 조금만 바뀌었을 뿐이었다. 우리는 학교에서 주로 레닌주의, 레닌의 인생, 소비에트 혁명역사 등을 배웠다. 독립 이후에 우리는 학교에서 공산주의를 배우지 않고, 키르기스 역사를 배우기 시작했다.

1993년 공장들이 멈추면서 많은 남성들이 실업상태가 되었고, 물품도, 식량도 부족했었다. 우리는 부모님 일터에서 주는 배급표로 상점에서 빵을 샀다. 우유, 빵, 밀가루, 고기 등을 사려고 우리는 2시간 이상 줄을 서야만 했고, 설탕과 버터는 늘 부족했다.

1995년부터 사람들의 삶은 급격히 어려워지기 시작했다. 남자들은 실업이 계속되었고 가족을 부양하기 어려워지자 그들은 술에만 의지하였기에 결국 알코올중독이 사회문제가 되었다.

그러나 몇 명은 해바라기씨, 수제빵 등의 사업을 시작하고, 중국(China)을 통해 옷, 신발, 사탕, 초콜릿 등을 들여왔다. 도시에는 운전기사, 전기기술자, 요리사, 기술자, 의사 등 여러 직종이 있으나 시골에서는 소비에트 방식의 농사를 짓던 농부들이 기술과 장비 부족으로 어려움에 처했다. 요즈음 많은 시민들이 돈벌이를 위해 러시아(Russia)

와 한국(South Korea)으로 많이 갔다.

1997년에는 약간 나은 삶이 시작되었다. 물품이 증가했고, 개인 가게도 많이 열고, 물품 질도 좋아졌으며 밀가루와 채소도 비싸지 않았다. 2000년에 키르기스 정부는 모든 지역에 대학교를 설립했다. 예전에는 대학교가 2개만 있어서 입학하기가 어려웠다.

2005년에는 많은 정치인들이 부정적인 방법으로 부자가 되자 2005년 3월, 첫 번째 혁명이 일어났다. 아카예프 정부가 물러나고 다음 정권으로 바키예프 정부가 들어섰으나, 친인척 등용과 비리 등 많은 문제를 갖고 있었다. 다시 2010년 4월, 튤립혁명이 발생했다.

중앙아시아의 다른 나라들은 독재정부로 이어지지만, 내 나라 키르기스스탄은 정치가 약간 불안한 것이 사실이나 국민들에게 자유가 있는 나라이고 주변 국가들과 좋은 관계를 맺고 있다. '아시아의 알프스'로 불리는 키르기스스탄, 이 청년국가가 관광자원으로 뜰 준비를 하고 있다.

Kuban Balykov

(법학전공, 추이미래지도자학교 졸업생)

01

카자흐스탄 Kazakhstan

국가기초정보

공식명칭 : 카자흐스탄(The Republic of Kazakhstan)

위치 : 중앙아시아 북부

면적 : 272만㎢(면적 세계 9위, 한반도의 12배)

인구 : 1,603만 명(2010년 말 기준)

수도 : 아스타나(Astana)

정체 : 대통령중심제

언어 : 카자흐어, 러시아어

인종 : 카자흐인(53.4%), 러시아인(30%), 우크라이나인(3.7%), 우즈베크

　　　인(2.5%), 위구르인(1.4%)

종교 : 이슬람교(수니파), 러시아 정교

날씨 : 대륙성기후로 여름은 무덥고, 겨울은 춥다.

비자 : 관광비자(30일)가 있어야 한다.

시차 : 한국보다 3시간 늦다(악타우는 4시간 늦다).

통화 : 텡게(Tenge)

체험물가 : 생수(1L) 3~4위안, 인터넷(1시간) 6~8위안(지역별로 차이가 크다)[1]

음식 : 라그만(Lagman), 강판(Gangfan), 쁠로프(Pulov), 샤슬릭(Shashlik), 베스바르막(Besbarmak), 잘(Zhal), 난(Nan), 쌈사(Samsa), 쿠무스(Kumus) 등

국기 : 하늘색의 바탕은 파란 하늘과 미래의 희망을, 깃대 쪽에는 '국가 장식(national ornamentation)'인 전통무늬를, 중앙에는 32개의 햇살을 가진 금색 태양과 스텝 지역에 사는 독수리가 나는 모양의 금색 그림을 넣었다.

---

1) 2011년 5월, 필자가 여행했던 당시의 체험물가이다.

중국 우루무치Urumqi → 카자흐스탄 알마티Almaty → 키르기스스탄 비슈케크Bishkek

투르크메니스탄 베크다슈Bekdash → 카자흐스탄 악타우Aktau → 아스타나Astana → 알마티Almaty → 외스케멘Oskmen → 몽골 바얀울기Bayan Ulgii

중국(China) 우루무치(Urumqi)에서 카자흐스탄(Kazakhstan) 비자를 받고는 곧바로 침대 버스에 올랐다. 저녁 무렵, 휴게소에서 먹은 라그만(Lagman, 중앙아시아의 스파게티)이 중앙아시아에 꼽들었음을 알려 준다. 밤새도록 달리는 침대 버스에서 하룻밤을 잔 다음 날 오전, 중국 출국 심사를 쉽게 끝냈다. 카자흐스탄(Kazakhstan)의 파란 하늘과 까마귀(중앙아시아에서는 까마귀가 길조임)가 반가웠다. 중국 국경에서는 공사에 쓰일 화물차와 지게차, 침대 버스, 일반버스, 수출 목적의 버스가 엄격한 심사를 기다리고 있다.

2시간이나 기다려서야 침대 버스에 올랐고, 이번에는 카자흐스탄 이민국으로 갔다. 같은 버스에 있던 중국인 이주민노동자들이 긴장하는 모습이 역력했다. 입국심사를 끝내고 한 차례 심사가 또 남았다. 바로 키가 거의 2미터 정도 되고, 체격이 큰 특수부대요원이다. 내가 중국인이 아닌 한국인임을 알고는 우리나라 전 대통령과 축구선수 박지성을 아는 체하며 친근하고 부드러운 분위기를 만들어 준다.

덜컹거리는 침대 버스 안의 모든 것들이 들썩거린다. 지형 특성상 지면이 약해서 움푹 파인 도로와 농작물 재배지가 전혀 없는 스텝지대가 카자흐스탄(Kazakhstan)의 길이다. 손님이 없고 홀이 큰 식당(중앙아시아 식당은 연회를 즐기기에 홀이 크다)에 내려서 이번에도 라그만(Lagman, 중앙아시아의 스파게티)으로 속을 채웠다. 서구사회처럼 음식비에 세금을 따로 내고는 다시 버스에 올랐다. 밤 10시, 어느덧 버스는 알마티

(Almaty)의 변두리에 도착. 그러나 수상하게도 중국인 버스운전기사가 전화를 여러 번 하더니 손님들이 베고 누웠던 베개와 등받이를 잽싸게 빼어 길가에서 기다리고 있던 카자흐스탄인에게 던진다. 거의 밤 11시가 되어서야 닿은 알마티 시외버스정류장에서 같은 버스에 탔던 카자흐스탄인의 도움으로 일단 하룻밤을 묵을 여관을 수월스레 찾았다.

　이튿날 이른 아침, 따사로운 첫여름 햇살이 도심의 나무 사이로 아롱진다. 출근시간대에 큰 배낭을 메고 시내버스에 탄 것이 괜히 미안했다. 여름날의 만년설, 거리 위의 자그마한 간이상점, 삼사(삼각 모양의 튀김)가게, 전기로 움직이는 전차, 거리를 걷는 다른 민족들⋯⋯. 숲의 도시, 알마티(Almaty)는 바로 옆 나라 키르기스스탄(Kyrgyzstan)의 수도 비슈케크(Bishkek)에서 5년 전에 보았던 정겨운 풍경과 닮아 있었다. 첫여름의 더운 날씨이지만, 거리에 나무가 많아서 걷기에 참 좋다.

　알마티(Almaty)에서 가장 싼 호텔에 배낭을 내려두고는 외국인거주등록(일반여행자도 예외는 아님)을 위해 이민국부터 들렀다. 나무에 둘러싸인 이민국을 간신히 찾았지만 오전에만 등록할 수 있다는 말에 한동

▶ 삼사가게와 전차

안 아무도 없는 창구만 물끄러미 바라본다. 그 때 여행사 사장이라며 내 서류를 러시아로 간단하게 적고는 돈(뇌물)을 내면 러시아인 남자 직원이 오후에 받아줄 것이라는 말에 꼭 그렇게까지는 하고 싶지 않은지라 발길을 돌렸다. 결국 주말에 쉬고 월요일에나 등록할 수 있었다. 평범한 여행자인데도 일일이 등록해야 하고, 러시아어로만 된 서류, 러시아인 공무원을 만나면서 독립한 지 20년이 된 오늘날에도 소비에트 시대의 행정제도가 남아 있음을 보았다.

뜨거운 여름 햇살 아래, 터벅터벅 걸어간 곳은 꼭대기에 황금상이 있는 독립기념탑. 푹푹 찌는 날씨에 부모와 함께 숙제하러 나온 초등학생들과 몇몇 단체손님이 전부였다. 나도 사진만 몇 장 찍고는 시원한 그늘로 들어갔다. 조금은 살 것 같다. 뒤미처 국립박물관으로 가 본다.

▶ 황금사자상이 있는 독립기념탑

　독특한 문양이 있는 묵직한 현관문을 들어가니 황금상이 나를 맞이해 준다. 한갓진 박물관에서 책을 읽고 있던 무뚝뚝한 창구직원은 현지어로 뭐라고 말한다. 영어로 외국인이라고 해도 현지어와 러시아로 막무가내로 말한다. 약간 기분이 불쾌해서 열이 올랐지만, 아기자기함보다는 휑한 느낌이 더 큰 소비에트풍 건물이 열을 식혀 준다. 고대사회부터 소비에트 시절 그리고 독립한 오늘날의 모습이 담겨 있는 박물관. 우리동포(고려인)를 위한 우리나라 전통양식도 마련되어 있다. 약간 어수선한 분위기를 풍기는 박물관을 나오니 빗방울이 떨어지기 시작한다. 이번에는 마치 유럽에 온 것처럼 만년설이 병풍처럼 서 있는 예쁜 건물 숲과 유럽식 커피숍(바깥에 테이블 많음)이 있는 거리를 거닐어 본다.

　다음 날 아침, 카자흐스탄(Kazakhstan)은 이번 나들이의 끄트머리에 다시 올 것을 약속하고는 그토록 그리워했던 나라 키르기스스탄(Kyrgyzstan)으로 떠나는 미니버스에 올랐다. 오전 내내 달린 미니버스는 국경에 다다랐고, 나는 자신 있게 여권을 내밀었다. 그러나 내가 비자 신청할 때 입국날짜보다 하루 일찍 도착하였기에 국경마을에서 하룻밤 자고 이튿날 국경 문이 열리자마자 비자심사를 받았다. 중앙아시아인들은 우리네 주민등록증 같은 신분증만 보여 주면 되는데 나는 외국인인지라 특별심사(특별한 일도 없지만 외국인이라는 것 때문에)를 받아야만 했다. 미니버스를 갈아타고 1시간만 더 가면 내가 5년 전에 있었던 그곳, 비슈케크(Bishkek)가 나온다. 걸어서 3분 거리에 있는 키르기스스탄(Kyrgyzstan) 국경조차도 반갑다.

▶ 2011년도 동계올림픽을 성공리에 치르다.

　알마티(Almaty)에서 쓰고 남은 카자흐스탄 돈으로 국경마을부터 악타우(Aktau)까지 합승차비를 탈탈 털어서 내고 나니 빈털터리(아주 조금 부족했는데 운전기사가 볼멘소리를 한다)가 되었다. 악타우(Aktau)에서 꽤 알려진 호텔에 있는 은행에 들렀더니 사무실만 있고 자동인출기가 없어 낭패였다. 낯선 도시에 가면 처음에는 이리저리 알게 모르게 당하는 일이 많은 것 같다. 이번에는 기차역행 시내버스를 사람들에게 물어도 모른다고만 한다.

　잠시 후 세 명의 청소년들에게 물었더니 택시를 타면 우리네 돈으로는 2천 원(영어로 US $2)밖에 안 한다는 말에 냉큼 택시를 탔다. 택시기사(지나가던 승용차도 잡아타면 곧 택시가 된다)가 지나칠 정도로 친절하고 그의 얼굴에는 미소로 가득했다. 드디어 변두리에 있는 기차역에 도착. 카자흐스탄 돈으로 US $2를 냈더니 운전기사가 계속 US $20을 내라고 한다. 통역을 잘못해준 그 친구들이 야속하기만 했으나 내 탓으로 돌릴 수밖에….

　시골 풍경의 기차역에서 젊은 여자직원이 영어를 잘해서 알마티(Almaty)행 기차표를 무사히 편하게 살 것이라고 기대했으나 모두 팔렸으니 일주일을 기다려야 한단다. 아아, 다시 어려움이 생겼다. 그래도 그녀의 친절함에 나를 다독여 본다. 호텔비도 비싼 악타우(Aktau)에서 묵새길 수 없었다. 지나가는 젊은 여인에게 물었더니 기차역 2층에

▶ 카스피 해로 가는 침대 기차

하룻밤을 묵을 수 있는 기차손님용 방이 있다고 한다. 3박 4일을 기차를 타고 알마티(Almaty)로 가려는 계획을 바꾸어서 이틀 후에 떠나는 아스타나(Astana)행 기차표로 샀다. 2박 3일을 기차 안에서 생활한다. 투르크메니스탄(Turkmenistan)의 국경마을 베크다슈(Bekdash)에서 악타우(Aktau)까지 먼지를 뒤집어썼더니 피곤함이 역력했던 나는 얼마의 숙박비를 치르고는 따뜻한 물로 몸을 녹인 후 내리 잠만 잤다. 카자흐스탄(Kazakhstan)이 다른 중앙아시아 국가들과 다른 점이 있다면 기차역 2층에 기숙사형의 저렴한 숙소가 있다는 것.

이틀날, 드디어 카스피해(The Caspian Sea)에 닿았다. 바다인지 호수인지를 두고 5개 국가가 이권(석유 등 자원 풍부) 때문에 아옹다옹하는 곳

▶ 바다 같은 호수 카스피 해

이다. 해거름이 시작되려는지 카스피 해(The Caspian Sea) 수평선 주변이 어슴푸레 어두워지기 시작한다. 따뜻한 저녁 햇살을 따라간 곳은 소비에트식의 아파트단지. 주변에는 한창 개발 중으로 여기저기에 건물(호텔이나 레스토랑)을 올리고 있다. 카스피 해의 바다색과 같은 독특한 모양의 유럽호텔이 눈에 가장 먼저 띄었다. 관광지라서 그런지 호텔비가 만만치 않다. 가장 저렴한 호텔을 찾았다 싶었는데 빈방이 없다는 직원의 말에 힘이 빠진다.

저녁 늦게까지 산책을 즐기는 시민들과 관광객들이 북적거리고, 즐비하게 늘어선 레스토랑과 술집에서는 온 동네가 떠나갈 듯 시끄러운 음악을 틀어놓고 젊은이들의 무도회가 무르익는다. 주변이 잘 보이지 않을 만큼 깜깜해진 카스피 해(The Caspian Sea)를 바라보며 지금까지의 중앙아시아 나들이를 돌아보고, 채우고 싶었던 것이 채워졌는지를 두고 잠잠히 생각해본다. 새벽 갓밝이, 카스피 해(The Caspian Sea)에서 차가운 바람이 불고 몸을 곱송그리며 옷깃을 여민다. 가보고 싶었던 카스피 해(The Caspian Sea)에 무사히 다다랐으니 풋정만을 남겨두고 나그네인 나는 또 다른 낯선 도시로 떠나는 침대 기차에 몸을 싣는다.

　저녁 느지막하게 카자흐스탄(Kazakhstan)의 수도 아스타나(Astana)에 다다랐다. 3일 내내 좁은 기차 안에 있었더니 땅에 발이 닿는 느낌이 마치 구름 위를 걷는 듯 어색하다. 카자흐스탄(Kazakhstan)의 어떤 낯선 도시라도 숙소 걱정을 안 해도 된다. 바로 기차역 안에 숙소가 있으니까. 이왕 온 김에 아스타나(Astana)에서 며칠 묵을 생각도 하다가 여행 끄트머리에서 정해진 여행비가 있는지라 아쉬워하며 알마티행 밤버스에 가방을 싣는다.

　알마티(Almaty)는 생각보다 멀었고, 버스비도 비쌌다. 조금 여유를 가지고 움직여야 하는데 고단해진 나는 슬슬 거칠거칠해졌다. 그나마 도로 사정이 괜찮았기에 견디지 않았을까. 버스에서 자다 깨다를 여러 번 반복. 거의 반쯤 감긴 눈을 떠서 바라본 알마티(Almaty)의 만년설에 눈이 제법 내렸다. 아름다운 숲의 도시, 알마티(Almaty)는 내 발자국을 남겼던 풋정의 도시라서 그런지 집에 돌아온 것처럼 편안하다.

　고단함을 풀 수 있는 시외버스정류장 여관에 짐을 풀었다. 따뜻한 물과 누울 수 있는 곳만으로도 감사했다. 내리 잠만 자고는 다음 날 아침, 이번에도 역시 외국인등록을 위해 이민국부터 찾았다. 등록신청이 늦었는데 의외로 친절한 안내를 받고, 10분만에 등록증을 받았다. 상쾌한 아침 공기를 마시며 내처 중국여권대행소를 찾았다. 중국(China)은 비자대행소를 간신히 찾았으나 경비원으로부터 비자를 신청

할 수 없다는 말만 들었고, 어떻게 해서라도 영어로 설명해 주고픈 한 젊은이가 "국경이 막혔으니 한 달 후에나 신청할 수 있어요!"라고 설명해준다. 여행하면서 이처럼 난감했던 적이 또 있었던가. 무려 한 달이나 물가가 비싼 알마티(Almaty)에서 묵새길 수 없는 노릇이다. 몇 개월 전에 키르기스스탄(Kyrgyzstan)의 비슈케크(Bishkek)에 있는 카자흐스탄대사관 앞에서 만난 한국인이 떠올랐다. 전화상태가 좋지 않아서 주소만 들고 느닷없이 간 나를 반갑게 맞이해 주심에 월커덕거렸고, 무척 감사했다.

이튿날, 인터넷뉴스(홍콩소식통)를 보니 신장지역에 계엄령을 선포

한 중국정부는 아무런 설명도 없이 카자흐스탄(Kazakhstan)과 중국(China) 사이의 모든 국경을 막았다고 한다. 이 정보는 중국(China) 안에서도 모르는 사실이고 홍콩(Hong Kong)을 통해 보도된 뉴스였다. 그래서 나와 반대로 오려고 했던 한국인들도 카자흐스탄(Kazakhstan)으로 못 들어오고 다시 왔던 길을 돌아갈 수밖에 없었다. 나는 서서히 안정을 되찾고 다른 길을 찾아야만 했다. 키르기스스탄(Kyrgyzstan)으로 다시 돌아가서 중국(China) 신장 지역의 카슈가르(Kashugar)로 가는 방법과 내 여행원칙 중 [비행기 안 타기]를 깨고 몽골(Mongolia)로 들어갈 것인가 아니면 시베리아열차(The Siberian Train)를 타고 동해안을 거쳐 귀국할 것인가를 두고 머리가 아플 정도로 인터넷으로 정보부터 찾았다. 그리고 알마티(Almaty)에 있는 여행사, 기차역, 몽골대사관, 러시아대사관, 키르기스스탄대사관에 직접 가서 정확한 정보를 찾는 등 보름 동안 바삐 돌아다녔다.

이젠 여행을 마치고 쉬고 싶다는 내 고단한 몸을 이끌고 다시 광야의 길로 들어가는 것으로 다짐했다. 내 여행원칙 중 하나를 깨고 말이다. 보름 동안 묵새겼던 공동체에서 은혜로움과 감사함을 많이 받고 나는 몽골(Mongolia)로 들어가는 길 위에 씩씩한 발걸음을 내디뎠다. 알마티(Almaty)에서 몽골(Mongolia)의 수도 울란바토르(Ulaan Baator)로 가는 비행기가 있으나 카자흐스탄(Kazakhstan)의 도시 하나를 더 만나고 싶은 마음에 카자흐스탄(Kazakhstan) 북동쪽에 있는 작은 도시 외스케멘(Oskmen)행 침대기차에 누웠다.

밤늦게 도착한 낯선 도시 외스케멘(Oskmen)이 더욱 낯설게 느껴진

다. 기차역마다 숙소가 있어
서 안심하고 있었는데 이곳
은 그렇지 않다. 주변을 서성
거리다가 영어로 대화를 나
눌 수 있는 한 젊은이의 도
움으로 택시를 타고 외스케
멘(Oskmen)에서 가장 좋은 호
텔로 갔다. 외국인은 차별요

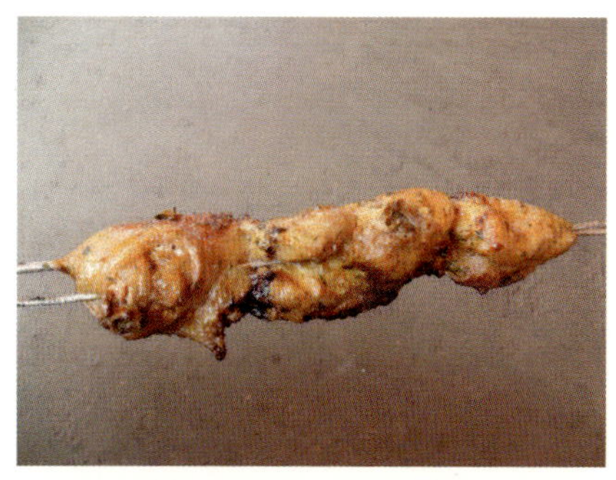
▶ 끼니로 먹는 두툼한 닭고기 샤슬릭

금을 내야 한다. 나는 24시간 불빛이 꺼지지 않는 레스토랑에 가서
다음 여행을 위해 지도도 보고, 카자흐스탄(Kazakhstan)에서 내 여행을
돌아보며 그렇게 하룻밤을 지새웠다. 처음에 이상하게 여기던 직원들
도 내가 한국인 여행자임을 알고는 각별히 친절하게 대해 주는데 그
들의 다함 없는 따뜻함이 나를 포근하게 감싼다.

새벽 갓밝이, 날은 밝아오고 공항으로 가는 작은 버스에 올랐다. 40
분 정도 지났을까. 한적한 시골풍경이 눈에 들어오고 도로 주변에는
나무들이 빽빽했다. 시골의 작은 공항은 졸음이 쏟아질 정도로 조용
하기만 하다. 공항 앞에 있는 허름한 숙소에 짐을 풀고는 푸짐한 샤
슬릭(Shasrilk, 긴 꼬챙이에 닭고기나 소고기 등을 꽂아 숯불에 굽는 꼬치)을 점심으
로 먹었더니 눈꺼풀이 무거워졌다.

이튿날 아침, 이번 여행의 끝막음이 될 몽골(Mongolia) 서쪽에 있는
제2의 카자흐스탄(Kazakhstan)으로 불리는 바얀울기(Bayan Ulgii)로 들어가
는 작은 비행기에 올랐다. 내 마음을 한없이 편하게 해준 다붓한 느

▶ 몽골로 떠나는 외스케멘 공항에서, 비행기 사진을 못 찍게 했다.

낌의 시골 공항 간판과 작은 비행기를 사진기에 담고 있는데 직원이 한사코 "No"라고 한다. 여전히 공공시설을 촬영할 수 없는 중앙아시아의 소비에트 사상. 음식과 가옥 등 생활 면에서는 중앙아시아에 가깝고 얼굴 생김새는 동아시아에 가까운 몽골(Mongolia)에도 이런 사상이 남아 있을까? 그리고 짙푸른 초원과 드높은 파란 하늘을 빙빙 나는 금수리를 실제로 볼 수 있을까 등 정해진 자리번호가 없는 작은 비행기에서 창밖을 내다보며 나만의 생각에 잠긴다.

키르기스스탄 Kyrgyzstan

국가기초정보

공식명칭 : 키르기스스탄(The Republic of Kyrgyzstan)

위치 : 중앙아시아 북부

면적 : 198,500㎢(한반도 220,000㎢)

인구 : 528만 명(2008년 말 기준)

수도 : 비슈케크(Bishkek)

정체 : 대통령중심제

언어 : 키르기스어, 러시아어

인종 : 키르기스인(66%), 우즈베크인(14%), 러시아인(11%), 기타

종교 : 이슬람교(수니파), 러시아 정교

날씨 : 대륙성기후로 여름은 무덥고, 겨울은 춥다.

비자 : 관광비자(30일)가 있어야 한다.

시차 : 한국보다 3시간 늦다.

통화 : 솜(Som)

체험물가 : 생수(1L) 3~4위안, 인터넷(1시간) 6~8위안(지역별로 차이가 크다)[2]

음식 : 라그만(Lagman), 강판(Gangfan), 쁠로프(Pulov), 샤슬릭(Shashlik), 베스바르막(Besbarmak), 난(Nan), 쌈사(Samsa), 쿠무스(Kumus) 등

국기 : 붉은색은 용기를, 노란색 태양은 평화와 풍요로움을 의미한다. 40개의 햇살은 40개에 이르는 키르기스족을 나타내며 햇살의 반은 시계 방향, 햇살의 나머지 반은 시계 반대 방향을 향하고 있다. 노란색 태양 안에는 세 줄로 이루어진 두 세트의 선이 교차하고 있는데, 이는 키르기스스탄 유목민들의 전통적인 천막인 유르트를 의미한다.

● 자료출처 : 한－키르기스스탄친선교류협회 www.kor-kyr.org

2) 2011년 5월, 필자가 여행했던 당시의 체험물가이다.

카자흐스탄 알마티Almaty → 키르기스스탄 비슈케크Bishkek → 오슈Osh

→ 사리타슈Sari Tash → 타지키스탄 동파미르고원 무르가프Murgab

비슈케크(Bishkek) 시내로 들어가는 버스비를 카자흐스탄(Kazakhstan) 돈으로 지불하고는 자리를 앉다가 노부부에게 자리를 양보했더니 고맙다면서 내 가방을 들어주시겠다고 한다. 드디어 그리웠했던 두 번째 고향 키르기스스탄(Kyrgyzstan)의 수도 비슈케크(Bishkek)에 꼽들었다. 말로 설명하기 어려운 이 설렘으로 심장이 쿵쾅거린다.

눈에 익은 도르도이(백화점)가 나오고, 조금 더 가니 칸트(Kant)로 들어가는 작은 버스정류장, 지백 거리(Jibak Jolu), 승리의 광장(the Square of Victory), 줌(Zum, 백화점)이 반갑다. 지나가는 사람들조차도 그대로인 것 같다. 거리에서 체중계를 두고 장사하는 아주머니, 자판기처럼 생긴 기계에서 물 한 잔 마시는 사람들, 자기네 집에 있던 물품을 파는 사람들……. 줌(Zum, 백화점) 옆의 분수대와 레스토랑도 옛 모습을 간직하고 있었다. 시간이 멈춘 듯 모든 것이 5년 전 그대로인 이곳. 어찌 보면 개발이 안 되었다고 볼 수 있으나 나에게는 추억거리가 고스란히 남아 있어 마음의 풍요로움과 행복이 넘쳐난다.

분수대가 있는 레스토랑에서 아침 식사(빵과 커피)를 하며 변한 것을 생각해 본다. 지하도 건너 국립우체국 옆 환전소거리에서 그리고 시내버스를 타고 오가면서 물가가 많이 올랐음을 느꼈다. 도로에는 자동차(중고자동차)로 빽빽했고, 무법질주(돈을 내면 운전면허증을 쉽게 취득할 수 있음)하는 운전기사들이 극성이라서 녹색 신호인데도 잘 보고 길을 건너야 했다. 여기저기서 울려대는 클랙슨에 정신이 없었다. 탈것이 많아지면서 변두리로 나가는 큰 버스와 화폐로 동전이 나오는 것도 새로운 작은 변화였다. 맞다. 우리나라대사관도 생겼다. 나에게 친숙한 거리 위의 작은 가게에는 성인잡지가 그대로 있다. 5년 전에는 지나가는 어린이들까지 볼 수 있는 높이에 진열했었는데, 두루 살펴보니 높은 곳에 올려두었다. 성인잡지를 없앨 수는 없나.

▶ 작은 버스는 시민들의 발이다.　　▶ 느리게 움직이는 전차도 시민들의 발이다.

▶ 거리에서 몸무게를 재다.　　▶ 거리에서 물을 사 먹는다.

▶ 5년 전보다 차량이 늘었다.

찌삶는 첫여름, 이른 아침부터 부지런히 움직여 닿은 곳은 헌병이 지키고 있는 국립박물관. 빨간색 큰 국기가 바람에 펄럭이고, 동네 아이들은 분수대에서 어린 감성을 만끽하고 있다. 외국인차별요금을 내고 박물관에 전시되어 있는 유물을 중심으로 꼼꼼하게 보았다. 다른 나라와 달리 더 깊은 관심을 보이게 된다. 1층에는 현대사회(2010년 4월 튤립혁명부터 마련)이고 위층으로 올라갈수록 고대사회 유물을 마련해 두었다. 유물 중심의 국립박물관을 빠져나오자 뜨거운 태양 아래 저만치 만년설이 눈을 시원하게 해준다. 흰색의 만년설과 빨간색국기의 아름다운 어울림에 새로이 반한다. 2006년 첫여름부터 인연이 된 한국인 자원활동가(비슈케크에서 한방 무료진료를 하심)와 현지인들이 많이 찾는 레스토랑에서 쁠로프(Plov, 기름과 당근 넣은 볶음밥)도 먹고, 에스프레소

▶ 성인잡지를 시선이 높은 곳에 진열하였으나 없어지지는 않았다.

를 즐기기에 더할 나위 없이 좋은 터키인 소유의 백화점 1층 커피숍에서 그분과 추억 속에 빠져 본다.

다른 중앙아시아 나라(카자흐스탄과 우즈베키스탄, 타지키스탄)의 비자를 발급받기에 편한 나라가 키르기스스탄(Kyrgyzstan)이라서 비슈케크(Bishkek)에는 배낭여행자들이 많다. 그만큼 이웃국가들과 원만한 관계를 유지한다는 것. 사실 비슈케크(Bishkek)에는 관광을 위해 볼거리는 그다지 많지 않은 수도이기에 여행자들은 다른 나라 대사관에 비자를 신청해 두고는 주변의 이식쿨(세계에서 두 번째로 큰 호수)이나 카라콜, 만년설로 트래킹을 떠난다. 그들과 인사를 나누고 나는 2006년도에

반 개월 동안 추억거리를 쌓아두었던 칸트(Kant, 비슈케크에서 40분 떨어진 시)로 가는 작은 버스에 배낭을 실었다. 또 설렘으로 심장이 빨리 뛴다.

▶ 국립박물관에 서서 만년설을 바라보다.

에르네스트(Ernest)와 *끄얄(Kyal)* 부부는 키르기스스탄(Kyrgyzstan)을 그
립게 해주고, 심장을 뛰게 해주는 옛 동료이다. 내가 5년 전 이맘때쯤
그들은 부부의 인연을 맺었고, 오늘 내가 만난 그들은 유치원생 자녀
를 둔 학부모가 되는 삶의 변화가 있었다. 키르기스스탄(Kyrgyzstan)에
서 만났던 벗들의 삶에서 시간의 흐름을 느낀다.

맑았던 하늘이 갑자기 어두워지면서 모처럼 소낙비가 쏟아질 기세
로 하늘이 어두워졌다. 이슬람사원 맞은바라기에 있는 우체국 앞에서
그들을 기다리는데 저절로 웃음이 번진다. 저 멀리 자전거에 아들을
태우고 오는 에르네스트(Ernest)가 어렴풋이 보인다. 오랜만에 만나는
마음의 친구가 말로 이루 설명할 수 없을 만큼 무척 반가웠다. 우리
는 수다스럽게 서로의 안부를 물으며 발걸음을 나란히 했다.

마을 전체는 옛 소비에트 시대에 러시아인들이 살았던 곳으로 약
간 유럽식의 분위기가 풍겨졌고, 곳곳에 러시아인들(돈을 벌어서 러시아
로 돌아가는 러시아인들이 많다)을 쉽게 만났다. 자주색 듬직한 대문을 열고
들어간 그들의 보금자리는 너른 텃밭이 있는 작은 교회였다. 내 친구
에르네스트는 7년 전, 키르기스 청년들에게 지도력을 심어 주는 '추
이미래지도자학교(The Chui Leadership Training School)'에서 공부를 마쳤고
나와 한뜻이 되어 텔만(Telman)의 프로젝트를 담당했던 옛동료이다. 지
금은 한 교회를 관리하는 전도사로 은혜로 충만한 새로운 삶을 살고

있다. 그날 저녁에 만난 그의 아내이자 나의 옛 동료였던 끄얄(Kyal)은
어린이에게 후원자를 연결하는 사회사업의 총책임자가 되어 있었다.

　나는 지금 눈부신 아침 햇살을 받으며 만년설한테 첫눈에 반했던
그 자리에 서 있다. 정겨운 읍내 작은 재래시장에서 수박 두 통을 들
고 작은 버스에 올랐다. 내가 한국인임을 아는 러시아인 운전기사는
"코리아센터"라면서 차를 세워 준다. 그 당시에는 운전기사들도 잘
몰랐었는데 지금은 지역사회에서 꽤 많이 알려졌나 보다. 야트막한
담벼락과 파란 대문이 그대로인 '추이미래지도자학교(The Chui Leadership
Training School)'로 들어갔다. 연락도 없이 불쑥 들어간 나를 반갑게 맞이

해 주는 직원들……. 내가 아는 직원들의 얼굴은 없었으나 다들 친절
하게 대해 준다. 늘 무표정의 얼굴과 분주함이 몸에 배어 있는 한국
인 센터장님은 밀 수확(이모작)으로 한창 바쁘신 와중에도 나의 안부를
물어보시고, 한국에서 훈련 나온 두 단원을 소개시켜 주셨다. 모처럼
우리말을 쓰는지라 마음이 편안했다.

다음 날 아침, 드디어 늘 마음에만 두고 있었던 곳, 텔만(Telman)으로
향하는 작은 버스에서 지나간 추억을 떠올려본다. 뜨거운 한여름 내
내 사용한 지 오래된 교실을 쓸고 닦고 페인트칠도 하고, 가구이며
학습도구를 샀던 일, 가을에는 나의 옛 동료 에르네스트(Ernest)와 길가
에 있는 사과나무에서 사과를 따 먹었던 일, 오후 4시면 끊기는 막차
를 놓치지 않으려고 열심히 달렸던 일, 겨울에는 어슴푸레 아침이 밝
아올 때 작은 버스를 타고 산기슭 그 마을로 출퇴근했던 일, 유치원
생들의 재잘거림과 눈썰매 타는 동네 아이들 등등.

작은 버스에서 저 멀리 푸른 들판 한가운데 일자형 건물이 보인다.
바로 내 손때가 묻은 유치반이다. 작은 버스에서 내려 한걸음에 달려
가본다. 내 옛 동료 끄얄(Kyal, 우크라이나계 키르기스인)과 라자(Laja, 러시아인)
는 새벽 갓밝이에 첫차를 타고 들어와서 중학교 건물 안에 어린이복
지센터를 열기 위해 리모델링을 하고 있었다.

그 산골마을에서 맞이해 주는 이들은 오로지 그들뿐. 엎어지면 코 닿
을 곳에 사는 유치반 담당선생님과 풍채가 지나치게 넉넉한 소비에트식
무표정의 여교장은 여전히 딱딱함이 서려 있다. 옛 동료에 의하면, 그나

마 많이 부드러워진 것이란다. 그들은 어제 독일 정부의 초청으로 독일(Germany)에 다녀와서 얘기에 흠뻑 빠져 있다고 한다. 내가 간 날은 방학 중으로 유치원 교실까지 모두 내부수리 중이었다. 아쉬움과 섭섭한 마음을 안고 돌아나오는데 더 슬픈 소식이 나의 발걸음을 무겁게 만든다.

며칠 전, 이 마을에 청소년 한 명이 또 스스로 삶을 마감했다고 한다. 마을 사람들은 기독교가 마을에 들어와서 그렇다고 굳게 믿고 있었다. 소비에트 시대에는 국가에 모든 것을 의지해 가며 살던 부모세대, 독립과 함께 자본주의 사상이 들어와서 돛대도 희망도 없이 이리저리 헤매는 자녀세대 사이에 갈등이 많다. 절망 속에 사는 청년들이 엎어져도 일으켜 세워 줄 수 있는 어른들이 별로 없는 것이 내가 사랑하는 키르기스스탄(Kyrgyzstan)의 아프고도 슬픈 현실이다.

텔만(Telman) 마을을 다녀온 다음 날, 칸트시내와 가까운 곳에 있는 5·1 마을로 갔다. 나의 한국인 동료 예정 씨가 정성 들여 만든 유치반이 있는 이 마을은 그나마 희망의 빛으로 손꼽힌다. 마을을 이끌어 가는 지도자들이 열린 마음으로 서로 한뜻이 잘 되기에 자녀들도 경제적인 어려움 없이 학교에 다닌다. 그래서 마을주민들은 후원자와 어린이를 1:1로 연결하는 프로젝트보다는 유치반에 더 애정을 갖는단다. 찌삶은 한여름 날씨에 그늘을 찾아 걷다가 길가에 주렁주렁 매달린 무공해 살구로 갈증을 덜어내고 두 번째 손때가 묻은 학교로 들어갔다. 조용한 학교를 두루 살피는데 5년 전에 우리와 인사했던 학교 관리인이 나를 기억하고는 반갑게 인사한다. 세월이 많이 흘렀는데도 스쳐 지나가는 나그네를 잊지 않으심에 울커덕거렸다.

▶ 중·고등학교가 있는 학교 건물

▶ 유치반이 있는 초등학교 건물

▶ 5·1 마을의 학교 건물

　내 땀방울을 흘렸던 두 마을의 유치반에 교재 및 놀이도구가 부족하다는 말에 바늘로 내 심장을 콕콕 찌르는 것처럼 아팠고, 시작만 해놓고는 꾸준하게 들르지 못했던 것에 미안하기도 했다. 그날 늦은 오후에 옛 동료의 집에 돌아온 나는 담장 너머로 들려오는 둥간족(살 길을 찾아 오래전에 중국에서 건너온 민족)3)의 지나치게 큰 목소리(자녀를 부르는 소리)에 놀란 가슴을 쓸어내리며 풀이 무성한 텃밭으로 발길을 옮겼다. 붉게 물들어 당도 높은 산딸기, 푸릇푸릇 올라오는 파, 농사가 잘 되어 토실토실 알찬 토마토, 질긴 풀들을 거둬내고 햇빛을 넣어주면

---

3) 둥간족: 이란 등에서 온 이슬람 남성과 중국에서 온 둥간족 여성들 사이에 태어난 자녀들 중 여자 어린이는 정규학교에 보내지 않고 이슬람사원으로 보내어 코란만 읽게 하여 사회문제가 되었고 법규를 바꾸었음에도 불구하고 지금도 이를 실천하지 않는 이들이 많다고 한다.

▲▼ 선선한 아침저녁으로 딸기밭 김을 매면서 삶의 오아시스를 찾다.

금방이라도 붉어질 딸기가 있는 이 텃밭이 마치 우리의 삶을 말해 주는 것 같다. 며칠에 걸쳐 선선한 아침저녁으로 질긴 엉겅퀴와 비름나물을 캐내니 그제서야 딸기밭임을 보여 준다. 독립한 지 20년밖에 안 된 청년대륙 중앙아시아에 희망의 빛이 넘실대면 좋겠다. 이 딸기밭처럼…….

우궁화는 우리 꽃?! 오슈(Osh)

처음 계획대로 옛 동료와 함께 잘랄라바드(Jalalabad)에 있는 그의 고향으로 떠나려고 했으나 내 우즈베키스탄(Uzbekistan) 비자가 늦게 나오는 바람에 따로 움직여만 했다. 휴가를 맞아 남편의 고향인 잘랄라바드(Jalalabad)로 떠나는 옛 동료 부부와 인사를 나눈 다음 날 저녁, 나는 오슈(Osh)로 가는 합승차(시외로 가는 대중교통이 발달하지 않아서 개인승합차에 여럿이 탄다)에 몸을 실었다. 오슈(Osh)로 가는 길은 고도가 높은 산악지대이고, 굽이굽이 굽잇길이 많으며 졸음을 쫓겠다는 운전기사는 무한질주를 즐긴다. 그날 밤 12시, 밤하늘에 별이 송송히 빛나고 어둠이 짙게 깔려 한 치 앞도 내다볼 수 없는 산기슭 아래 레스토랑 빈터에 내렸다.

차 안에서 설핏설핏 잠이 들었던 나는 한여름 밤에 한기가 느껴져 미리 갖춘 두툼한 숄로 둘둘 감싸고는 졸린 눈을 애써 뜨며 마치 귀곡산장처럼 보이는 레스토랑으로 올라갔다. 오! 정말 춥다. 일행들은 흥뚱대며 편안한 자리를 찾아 앉고 글씨가 번진 메뉴판을 보며 비싸서 선뜻 다짐을 못한다. 차와 난(둥그런 모양의 빵), 까칠해진 내 입맛에 따뜻한 차 빼고는 모든 음식이 설찼다. 변변찮은 화장실도 없는 레스토랑이니 차를 많이 마시면 불편해지니...여간 힘든 여정이 아니다.. 내가 탄 승합차는 새벽 내내 길 위를 달려 동이 틀 무렵에서야 잘랄라바드(Jalalabad)에 닿았다.

▶ 밤새도록 달린 승합차

　사방이 뚫린 주유소에서 오슈(Osh, 키르기스스탄에서 두 번째로 큰 도시)로 가는 자동차를 기다리는데 몇 대 안 되는 자동차가 들어온다. 몇 분 후, 말다툼이 난투극까지 갔다. 나가고 들어가는 차량이 순서를 지키지 않았다는 대수롭지 않은 일인데도 주먹이 먼저 앞선다. 나는 지금 키르기스스탄(Kyrgyzstan) 4월혁명(튤립혁명)의 시작점에 서 있다. 다른 자동차로 갈아타고 타지키스탄(Tajikistan)으로 들어가는 중간지점이자 중앙아시아에서 가장 큰 바자르(시장)가 열리는 오슈(Osh)로 들어갔다. 아침 9시이다. 큰 호텔 앞 빈터에는 타지키스탄(Tajikistan)으로 들어가는 승합차가 손님을 기다리고 있었다. 손님이 다 차야만 떠나는 게 이곳 불문율.

키르기스스탄(Kyrgyzstan) 남부지방에는 두 곳이 우즈베키스탄(Uzbekistan) 영토라서 우즈베키스탄 비자가 없는 외국인(현지인들은 신분증만 제시하면 됨)이 탈 경우, 에움길(키르기스스탄 영토)로 돌아가기에 외국인인 나는 웃돈을 내야 한단다. 언제 떠날지도 모르는 자동차를 뒤로하고 호텔을 찾아 나선다. 낯선 도시 오슈(Osh)에서 외로움과 낯섦, 잔잔한 긴장을 둘러멘다. 시장 안에 있는 작은 호텔(민박)에 배낭을 내려놓고는 오슈(Osh) 시내 한 바퀴를 돌아보는데 아직 감이 안 온다.

이튿날 아침, 걷기 힘들 정도로 푹푹 찌는 한여름 날씨를 피해 아침저녁으로 거닐었다. 거리에 가로수처럼 서 있는 나무에 분홍색 꽃이 어디서 많이 본 것 같아서 자세히 들여다본다. 우리나라 무궁화였다. 도로를 싱싱 달리는 "티코", "다마스", "마티즈"도 반갑다. 낯선 도시에서 우리의 것을 보니 이 도시와 금방 친해지는 느낌이다. 무궁화나무가 걸어 오슈지역박물관(The Regional Museum)으로 갔다. 박물관 뒤에는 이슬람 성지인 술레이만 산(유네스트 세계문화유산에 등록됨)이 병풍처럼 우뚝 서 있다.

유물이 가득하고 주로 러시아어와 키르기스어로 설명되어 있는 박물관을 휘익 둘러보고는 뜨거운 태양을 피해 가정집을 손본 식당 앞마당에서 라그만(Lagman, 중앙아시아의 스파게티)으로 헛헛함을 채운다. 내가 좋아하는 라그만(Lagman, 중앙아시아의 스파게티)과 쁠로프(Plov, 기름을 두르고 당근을 넣어 삶고 볶은 노란색 밥)를 다음 여행지로 들어가는 국경마을에서도 즐겼으면 좋겠다.

▶ 오슈에서 가로수가 된 무궁화

▶ 오슈지역박물관과 이슬람성지인 술레이만 산

　　국경마을로 들어가는 중간마을까지만 가는 노란색 작은 버스에 올랐다. 전통모자 칼팍(Kapak)을 쓴 키르기스 아저씨들, 머리에 스카프를 두른 아주머니들이 매우 정겹다. 굽잇길을 얼마나 달렸는지 모르나 아침에 출발한 버스는 오후 3시에 사방이 갈색인 곳에 나를 내려준다. 적막감도 흐르고 내 배에서는 물이 출렁거린다. 배고프다. 친절한 운전기사는 국경마을까지 가는 버스가 없기에 도로공사 현장에 투입된 중국인들이 끄는 공사차량(중국의 무역로인 키르기스스탄에도 중국에서 도로를 깔아주고 있다)에 나를 태워 보내준다.

가름대가 없고 고도가 높은 고갯길을 몇 차례 오르락내리락 한다. 조금 포장해서 말하면, 키르기스스탄(Kyrgyzstan)은 전 국토가 아름다운 풍광으로 사진을 찍는 대로 멋진 예술작품이 나온다. 내가 지나가는 이곳도 역시 가끔 해끗해끗 보이는 만년설과 산을 품고 있는 산기슭에 정통 유목민들의 흰색 가옥 유르트(Yurt)와 말, 양 등 가축이 자연과 한데 어울리는데 그 또한 작품이다. 내리막길이 계속 되고, 저만치 만년설 아래 흰색 지붕이 옹기종기 모여 있는 국경마을이 보인다.

절기로는 한여름이지만 이곳은 첫겨울처럼 맵차게 춥다. 나는 가을 겉옷을 여미고 몸을 곱송그리며 아주 작은 식당으로 들어가 화덕에 몸부터 녹인다. 체구가 작은 주인아저씨는 낮부터 술에 취해 가족들을 민망하게 하고 있었다. 실없는 소리를 하는 주인아저씨를 뒤로하고 마을을 한눈에 볼 수 있는 야트막한 언덕으로 올라갔다. 손을 뻗으면 닿을 것 같은 만년설에는 금방이라도 눈이 쏟아질 것처럼 잿빛 구름으로 둘러싸여 있다. 마을에도 세찬 바람이 몰아친다. '곧 마을에도 눈이 내리겠지.' 사리타슈(Sary Tash) 마을은 주유소를 가운데 두고 더 잘 닦인 왼쪽 길은 중국(China)과의 국경, 이르케슈탐 패스(Irkeshtam Pass)로 들어가고, 오른쪽 자갈길은 타지키스탄(Tajikistan)과 키르기스스탄(Kyrgyzstan)의 다른 마을로 들어가는 길로 나뉘어 있었다.

마을 사진을 담고 있는데 볼이 빨갛게 튼 동네 어린이들이 자기를 찍어 달라며 알아서 위치를 잡는다. 어린이들의 순수함에 나도 함박웃음을 짓는다. 마을을 한 바퀴 돌고는 타지키스탄(Tajikistan)으로 들어가는 자동차를 알아보는데 식당 아주머니가 오늘은 헛수고라면서 내일 아침에 떠나라고 한다. 추운 날씨에 몸을 오그리고 다녔더니 몸 전체가 욱신거린다. 지역사회를 기반으로 하는 관광프로젝트(CBT, The Community Based Tourism)로 개발된 민박집에 하룻밤 묵기로 했다. 난방시설은 작은 난로 하나뿐이었지만 감사하게 여기며 고깃국을 저녁으로 먹고는 난로 곁에 눕자마자 깊은 잠에 빠졌다.

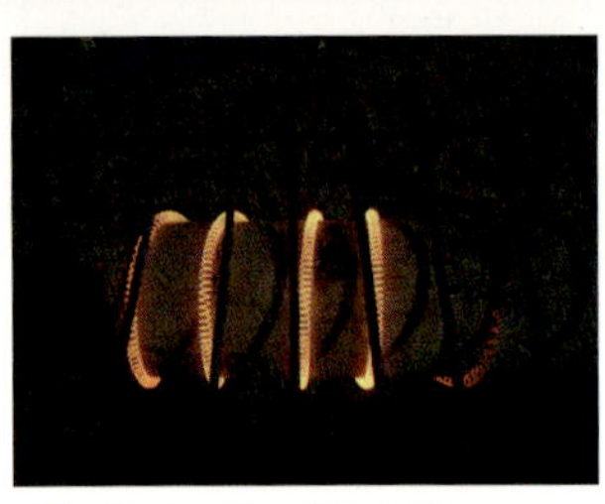

▲▶ 한여름의 겨울 마을과 난로　　▶ 동물 배설물은 중요한 연료가 된다.

　이튿날, 창문 너머로 따뜻한 아침 햇살이 드리운다. 오늘 하루는 트래킹을 할 계획으로 고양이 세수만 한 채 햇살을 등지고 길을 나섰다. 만년설 중에 가장 높은 레닌 산(The Lenin Mountain)이 보이고, 어젯밤에 흩뿌린 눈이 햇빛에 반짝거리는데 정말 아름다움 그 자체이다. 녹색 초원과 파란 하늘 그리고 하얀 산이 보이는 길에 넋을 놓고 한참

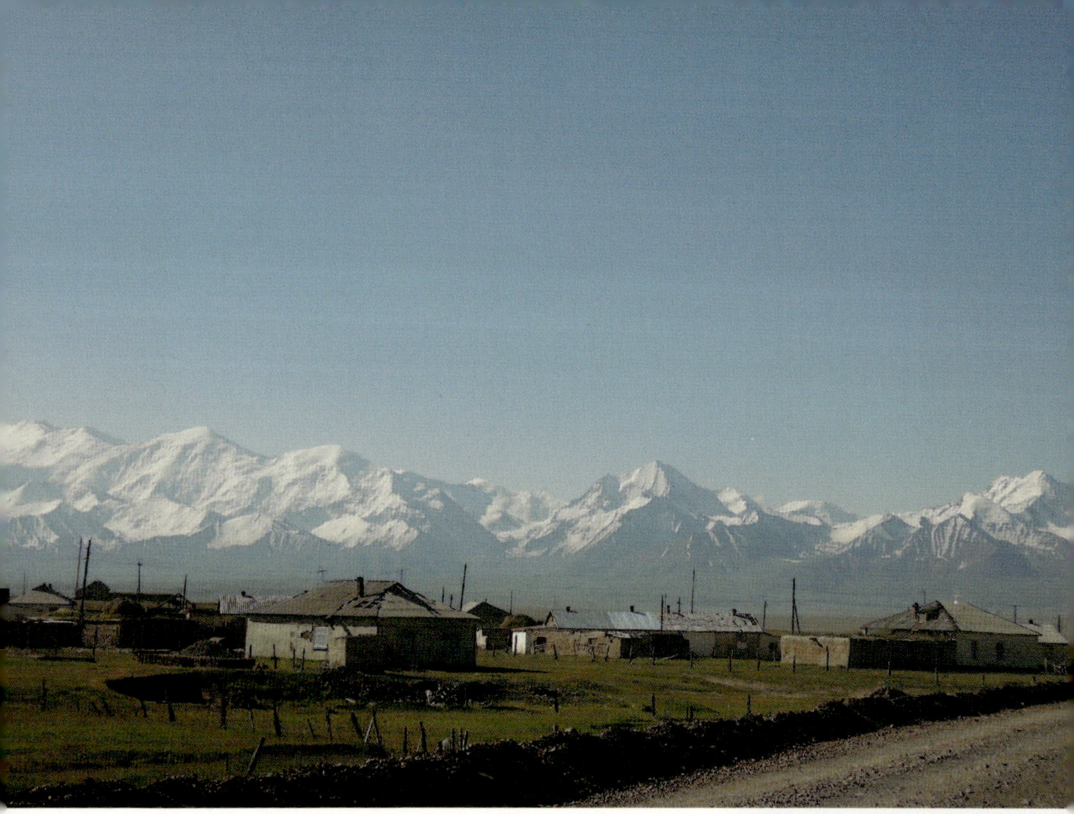

▲▶ 만년설 안에 있는 국경으로 들어가는 길

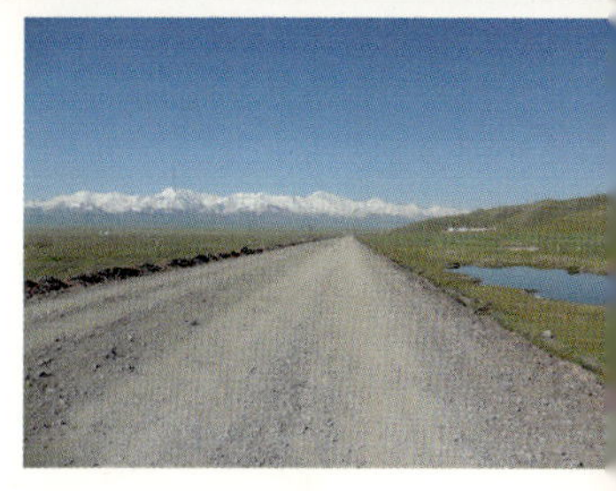

을 서 있었다. 길가에 서 있는 아주 짙은 청색을 띤 소련제 작은 버스에 있는 현지인 부부에게 키르기스어로 간단하게 인사하고 타지키스탄(Tajikistan)으로 들어가는 길을 물었더니 차와 난(빵)을 먹고 가란다.

저 멀리 갈림길이 나온다. 저 산만 넘으면 타지키스탄(Tajikistan)인데, 그곳으로 들어가는 차량이 거의 없다. 무거운 배낭이 물에 젖은 소금 가마니처럼 느껴지기 시작할 때쯤 양쪽 뺨이 빨간 목동 어린이들이 당나귀를 타고 온다. 5년 전 나른(Narn)을 여행했을 때도 당나귀를 타

고 다니는 활기찬 어린이들을 만난 것처럼 정겹다. 내가 키르키즈어로 인사를 하니 더 친하게 느껴지나 보다. 내 무거운 배낭을 당나귀에 싣고는 자기네 가축들이 있는 곳까지 간다. 삶의 고된 무게를 덜었다는 느낌이 이런 것이겠지. 이것이 진정한 키르기스스탄(Kyrgyzstan)의 유목생활이자 시골 모습이기도 하다.

목동 어린이들은 초록 벌판으로 달려가고, 나는 만년설 안으로 들어가는 길에 또 한 발을 내딛는다. 이번에는 검정 옷을 입고 열심히 자전거를 페달을 밟고 오는 여자 여행자들(캐나다에서 왔음)이 보인다. 타지키스탄(Tajikistan)에서 만년설을 넘어왔단다. 같은 마음의 나그네들인지라 목동 어린이들과 그랬던 것처럼 길 위에서 스스럼없이 간단하게 얘기를 나눈다. 멀어지는 그들의 뒷모습도 멋졌다. 파란 하늘에 태양은 점점 뜨거워지기 시작하고, 눈부신 만년설을 향해 또 뚜벅뚜벅 걷는다.

▶ 아침 일찍 국경을 넘어온 자전거 여행자들

지나가는 차가 있지 않을까 해서 뒤를 돌아볼 때 짐을 한가득 실은 트럭이 온다. 이곳 사정을 잘 아는 현지인들이라서 나를 태워 준다. 운전기사 옆에 앉은 키르기스 아주머니가 내 큰 배낭을 들어주고, 나는

운전기사 옆 창문에 매달려야 했다. 비록 몸은 불편했지만, 국경까지 무사히 갈 수 있음에 마음만큼은 편안했다. 키르기스스어를 모르는 아랍계(타지키스탄 국민) 운전기사가 걱정이 되는지 러시아어로 괜찮은지 연신 묻는다. 드디어 만년설 속에 있는 키르기스스탄(Kyrgyzstan) 국경에 다다랐다.

이곳은 군부대가 이민국 역할을 하고, 수속도 군인이 해 준다. 현지어로 인사를 하자 반갑게 맞이해준다. 나를 태워 준 트럭은 심사를 받는 데 시간이 걸리나 보다. 아이란(마유를 발효시킨 요구르트의 일종) 한 병을 들고 오는 말단 군인에게 식당을 물으니 100m 거리에 유르트(Yurt, 전통가옥)가 있단다. 타지키스탄(Tajikistan)에서 들어오는 자동차 나 그네들과 인사를 하고는 허허벌판에 딸랑 한 채만 있는 유르트(Yurt, 전통가옥)에서 차와 난(빵)으로 입요기를 하는데 조금 전에 타고 왔던 파란 트럭이 야속하게도 그냥 휘익 지나간다. 또다시 걸어갈 수밖에 없다.

야속함도 잠시. 유르트(Yurt, 전통가옥)에서 나와 깊은 산 속으로 걸어

간다. 아름답고 거대한 자연 속에 나 혼자만 있다. 대자연의 만년설 안에 있는 내가 한없이 작게 느껴진다. 이름 모를 새의 지저귐만 들리고, 샛강이 흐르는 벌판에는 잽싸게 달리다가 두 다리를 올리는 쥣과 동물(황갈색인데 이름을 모르겠다)만 보일 뿐이다. 혼자이기에 무섭거나 두려움보다는 처음 맛보는 신선함에 심장이 두근거리고 발걸음도 씩씩해진다. 자연이라는 큰 거울 앞에 서서 내 안을 투명하게 들여다본다. 내 쓰레기통을 뒤집어보니 이것저것 지저분한 것들이 많이 쏟아져 나온다. 밑바닥에 딱 달라붙은 씹다 버린 껌, 담뱃재, 지저분한 구정물은 내 슬픈 멍에로 남아 아무리 씻고 또 씻어도 지워지지 않는다.

삶에도 쉼표가 있는 것처럼 길바닥에 배낭을 내려놓고는 그 위에
앉아 난(빵)으로 허기진 배를 채운다. 위대한 자연 앞에서 삶의 진정성
을 찾는다. 차를 타고 움직이면 빨리 그리고 편하게 가기에 좋지만
그만큼 많은 것을 못 본다. 이렇게 천천히 걸으면 내 목표지점에 아

▶ 야크가 살 정도로 고도가 높다.

주 느리게 닿으나 한쪽이 아닌 많은 것을 진정으로 볼 수 있음에 오늘 나는 감사기도를 드린다.

배낭을 둘러메고 포장이 매끄럽지 않은 길에 발걸음을 내딛는다. 일정한 발걸음에 맞춰 생각도 깊수룸해지더니 어느 순간 블랙홀에 빠진다. 굽이진 길을 걷는데 뒤에서 자동차 소리에 생각의 블랙홀에서 나올 수 있었다. 바로 내 출입국 수속처리를 해 준 그 군인(책임자)이었다. 왜 파란 트럭을 타지 않았냐며 국경 쪽에 문제가 생겨서 가는 길이니 얼른 타라고 재촉한다. 키르기스어로 고맙다는 말을 하고는 낡은 군인용 차에 올랐다. 조금 더 가자, 이번에는 차 한 대만 다닐 정도의 아주 좁고 꼬불거리는 고갯길(황톳길)이 나온다. 흙먼지를 풀풀 날리며 달리던 군인용 차는 키르기스스탄(Kyrgyzstan) 땅끝을 뜻하는 푯말과 딸랑 집 한 채만 있는 구역에 섰다.

조금 전에 떠났던 파란색 트럭 두 대가 보인다. 해발 4,000M가 넘는 지대로 야크(Yak)가 산다. 키르기스 군인이 트럭 운전기사의 음주 상태를 확인하는 동안에 타지키스탄(Tajikistan) 쪽에서 짙은 회색 자동차가 탈탈거리며 달려온다. 나와 다른 두 여인(음주운전을 할 뻔했던 트럭 운전기사의 가족)은 타지키스탄(Tajikistan) 군인 차에 올랐고, 뒷자리에 앉은 아랍계(타지키스탄 국민) 아주머니는 두통과 구토를 호소했다. 나도 고산병이 시작되었는지 머리가 지끈거린다. 우리가 탄 군인용 차는 심하게 굴곡지고 가름대가 없는 비탈진 그 자갈길을 오르고 올라서야 꼭대기에 닿았다. 풀이 거의 없는 자연환경으로 척박하기만 하다. 아름다운 대자연을 닮아 인심 좋은 키르기스스탄(Kyrgyzstan)이 끝막음 되었다는 뜻이기도 하다.

03

타지키스탄 Tajikistan

국가기초정보

공식명칭 : 타지키스탄(The Republic of Tajikistan)

위치 : 중앙아시아 북부

면적 : 143,100㎢(한반도 220,000㎢)

인구 : 690만 명(2006년 말 기준)

수도 : 두샨베(Dushanbe)

정체 : 대통령중심제

언어 : 타지크어, 러시아어

인종 : 타지크인(64.9%), 우즈베크인(25%), 러시아인(3.5%), 기타

종교 : 이슬람교(수니파 85%, 시아파 5%), 기타

날씨 : 대륙성 고산기후

비자 : 관광비자(30일)가 있어야 한다.

시차 : 한국보다 4시간 늦다.

통화 : 소모니(Somoni)

체험물가 : 생수(1L) 3~4위안, 인터넷(1시간) 6~8위안(지역별로 차이가 크다)[4]

음식 : 라그만(Lagman), 강판(Gangfan), 뻘로프(Pulov), 샤슬릭(Shashlik), 베스바르막(Besbarmak), 난(Nan), 쌈사(Samsa), 쿠무스(Kumus) 등

국기 : 하양은 국가의 기간산업인 면직공업을, 초록은 농업을, 왕관과 별은 존엄성과 다른 국가와의 우의, 그리고 노동자·농부·지식계층 간의 결속을 상징한다.

● 자료출처 : 주 타지키스탄 대한민국대사관 www.tjk.mofat.go.kr

---

4) 2011년 6월, 필자가 여행했던 당시의 체험물가이다.

타지키스탄 동파미르고원 무르가프Murgab → 서파미르고원 호루그

Xhorog → 두샨베Dushanbe → 후잔트Xhojand → 우즈베키스탄 코칸트Kokand

마침내 타지키스탄(Tajikistan) 국경수비대에 이르렀다. 고산병으로 여전히 머리는 지끈거리고 몸도 무겁다. 자전거여행자가 출국심사를 끝내고 더욱 힘들어질 여정을 향해 페달을 밟고, 나는 나대로 컨테이너로 된 단출한 사무실에서 일일이 손으로 적는 입국심사를 받았다. 같은 자동차를 타고 왔던 아랍계(타지키스탄 국민) 여인은 사무실 한쪽 간이침대에 앓아누웠다. 아침 9시부터 움직여서 타지키스탄(Tajikistan) 국경에 닿은 시간은 오후 3시. 파란 하늘만 빼고는 흙이 산과 땅을 덮은 듯 온통 흙빛 세상이다. 한 포기 들꽃도 없는 써느런 겨울 들판 사이의 자갈길을 또박또박 걸어 내려간다.

따가운 햇살을 가려 주는 모자가 휘몰아치는 겨울바람에 휘익 날아가고, 한 목동이 언덕배기에서 내려오더니 잠깐 길벗이 되어 준다. 그는 아무것도 안 보이는 허허벌판을 따라 덩그러니 말뚝만 있는 중국(China) 국경 쪽을 가리키며 자기네 가축이 있는 곳으로 간단다. 바람은 더욱 세차게 불고, 무거운 배낭이 내 어깨를 짓누른다. 녹록지 않은 환경에서 한 가지 생각에 꽂히더니 이내 생각의 고문을 당하고 곪았던 생채기가 터져 버리면서 내 영혼까지 파괴시킨다. 더 이상 생각하지 않거니와 진짜로 내려놓았다고 했던 그것을 왜 자꾸 끄집어내는지 나도 모르겠다. 머리도 아프고, 배도 고프고, 고단함이 몇 곱절로 밀려온다,

▶ 드디어 황량한 허허벌판 타지키스탄 땅에 닿았다.

날이 어두워지기 전에 하룻밤 묵을 수 있는 집을 찾아야 하는데 유르트(Yurt)도 보이지 않는다. 가도 가도 끝이 없는 길에 오로지 반대편 키르기스스탄(Kyrgyzstan) 오슈(Osh)로 들어가는 자동차 몇 대만이 날 보란 듯이 쌩 하고 달아난다. 저 언덕 너머에 마을이 있을까. 저물기 전에 고개를 넘어야 하는 걱정이 덜컥 들 때쯤 자동차 두 대가 온다. 나의 구세주는 타지키스탄(Tajikistan) 국경책임자였다. 반갑게 인사를 하고는 자동차 뒷자리에 배낭을 맨 채 앉았다. 길이 나쁜 건지 자동차가 낡아서 그런지 몸이 휘청거리고 빈속에 자동차 기름 냄새를 맡으니 메스꺼웠다.

허허벌판을 지나니 카라콜 호수(검은 호수)와 호수마을이 보인다. 호수에서 불어오는 차가운 겨울바람이 황량한 마을을 더 서글프게 만든다. 카라콜 호수(검은 호수)를 지나 밤새 달린 자동차는 내 목적지인

무르가프(Murgab)에 도착했다. 군인들은 작은 식당에서 만두와 샐러드로 저녁을 하고는 밤 12시에서야 미리 연락해 둔 가정집으로 가서 신세를 졌다. 내가 자랐던 시골집 같고 가족들도 편안하게 해 준다. 너무나 힘들고 지친 나는 두툼한 요에 눕자마자 단잠에 들었다.

다음 날 아침, 어제와 달리 날씨가 화창하다. 나도 새로이 태어난 생명으로 가뿐해진 발걸음을 뗐다. 마을에서 가장 큰 터인 바자르(시장)부터 샘(펌프를 이용하는 공동식수), 언덕배기에 있는 집들, 관광정보센터까지 한 바퀴 돌았다. 고도가 높아서 조금만 걸었는데도 숨이 차다. 무르가프(Murgab)에는 외모에서도 다른 타지크인과 키르기스인의 두 공동체가 어울려 산다. 한 달 전에 문을 연 관광정보센터(지역주민에게 이익이 돌아가도록 프랑스인에 의해 만들어짐)에서 수익사업으로 내놓은 중앙아시아 나라별 지도와 설명 위주의 길잡이 책을 샀다. 무조건 나눔만을 요구하는 것보다 지역사회의 경제활성화를 위해 좋은 방법인 것 같다.

등산복을 입고 짧은 머리를 한 프랑스인 중년여성은 작은 의자에 앉아 프랑스인 단체손님의 동파미르고원 트래킹을 위해 홈스테이를 운영하는 마을주민과 회의를 한다. 키르기스인 젊은 여직원과 인사를 나누고는 일본정부에서 지원했다는 공동샘터에서 갈증 난 목을 축이고 펌프질을 직접 해보았다. 시골에서 보냈던 어린 시절로 돌아간 것 같다. 사방이 풀 한 포기 없는 민둥산(동파미르고원)으로 둘러싸인 이 척박한 환경에 지역주민들의 욕구파악과 지역사회의 경제활성화를 두고 실질적이며 진정성 있는 지원사업이 이루어지는 선진국들의 국제개발프로그램을 눈여겨본다.

▶ 마을에서 중요한 역할을 하는 공동샘터와 여행자들의 쉼터가 될 관광정보센터

　파미르고원(The Pamirs)의 아름다운 도시 호루그(Khorog)로 떠나기 전날, 우리 드라마와 영화를 무척 좋아하는 홈스테이 가족들에게 줄 수박을 사려고 바자르(시장)에 갔는데 물품이 비싸게 팔리고 있었다. 풀한 포기도 나지 않고 산으로 둘러싸인 이 땅에서 자라는 것이 없는지라 모든 물품을 호루그(Khorog)와 오슈(Osh)에서 들여온다고 한다. 그날 저녁, 가족들에게 거의 입지 않았던 겉옷과 보디로션, 클렌징크림을 선물하고는 이튿날 아침 일찍 중국제 작은 승합차를 타고 다시 나그넷길에 올랐다.

▶ 컨테이너가 가게 역할을 하고 있다.

　　오늘은 현지인들만 탄 중국제 작은 승합차를 같이 타고 파미르고원(The Pamirs) 속으로 깊숙이 들어가는 날이다. 무르가프(Murgab) 마을 어귀에 있는 수비대에서 외국인인 나만 여권검사(손으로 기록)를 받는다. 승합차는 좁은 2차선 파미르하이웨이(The Pamirs Highway)를 신 나게 달리고 창가에 앉은 나는 한쪽 파미르 고원(The Pamirs)만을 보며 입을 다물지 못한다. 넋을 놓고 있다가 장엄함을 사진기에 담아둔다. 고등학교 때 세계사 시간에 들었던 '세계의 지붕, 파미르 고원(The Pamirs)' 안에 내가 있다니…… 순간 윌커덕거렸다. 따사로운 햇살이 드리우는

▶ 길이 길어서 하이웨이(Highway)인가?

차 안에서 졸림이 쏟아질 법도 하고, 새로운 나그넷길에 긴장이 서려 있거나 즐길 법도 한데 나는 애오라지 대자연의 장엄함에만 쏠렸다.

승합차가 조금 천천히 달리면 좋으련만 파미르고원(The Pamirs)을 이렇게 휘익 지나가는 것이 못내 아쉽다. 역시 트래킹이나 사이클링처럼 내 발로 움직여야만 자신의 참모습을 보여 주는 파미르고원(The Pamirs)인가 보다. 새로이 태어나는 삶의 변화가 없이 현실에 안주하는 편하고 진부한 삶이 되레 인생의 덧없음으로 허무와 관념을 갖는 것처럼 차 안에 있던 나도 그런 마음이었다. 나와 사뭇 다르게 열심히 페달을 밟아 파미르고원(The Pamirs)을 깊숙하게 만나는 자전거여행자들이 지나가는데 그들이 부럽기만 했다. 아직 동파미르고원이 끝나지 않았는지 흙으로 덮인 뾰족한 산맥들이 계속 이어지고 아주 오래전에 바다였던 이곳에는 돌과 작은 호수가 있다.

점심때가 다가왔는지 속이 헛헛해진다. 무르가프(Murgab)에서 시작하여 반나절 동안 부지런히 달린 승합차는 아주 듬성듬성 그것도 산기슭에 가까운 곳에 있는 유르트(Yurt, 유목민의 전통가옥)를 지나 첫 번째 마을에 닿았다. 흙빛 자연과 닮은 집들은 야트막한 흙담으로 둘러싸여 있다. 식당 마당에 나무판자로 올올이 엮은 재래식 화장실이 소슬히 서 있다. 식당 안에 있는 간이수도(설거지대에 수도가 달린 모양)에서 손 씻을 물이 찔끔찔끔 나오니 물이 얼마나 귀한 곳인지 알겠다. 먼저 나온 차(녹차, 홍차)와 난(빵)으로 입요기를 하고, 고깃국과 고깃덩어리, 국물 있는 라그만(Lagman, 중앙아시아의 스파게티)으로 속을 든든하게 채운다.

▶ 중앙아시아에서 쉽게 볼 수 있는 식당 모습

다시 긴 행군으로 이어진다. 똑같은 모습을 보여주지 않는 파미르고원(The Pamirs)을 설명하기는 참 어려우나 이것만은 분명하다. 생김새가 다른 산끼리 있는 그대로 우뚝 서서 하나의 어울림이 되어 더 멋지게 장엄함을 뽐내고 있다는 것. 이것이 파미르고원(The Pamirs)의 힘(강함)인 것 같다. 저 멀리에 있는 만년설에만 회오리 먹구름이 휘몰아치고 또 눈이 내린다. 우리가 가는 길이 험난한 산세로 들어가는지 하이웨이는 꾸불거리고 무료해질 때쯤 졸졸 흐르는 냇가가 보이는데 괜스레 반갑다. 물이 생명의 근원으로 우리를 풍요롭게 해 준다는 것을 자연의 영상을 통해 깨닫는다. 내가 본 파미르고원(The Pamirs)은 물이 없는 곳은 동파미르고원(무르가프 마을, 척박함, 흙색 등)과 물이 있는 곳은 서파미르고원(호루그 도시, 풍요로움, 녹색 등)으로 나뉜다.

▶ 물이 생명의 근원임을 여실히 보여 주는 파미르고원

아름다운 살구 도시 호루그(Khorog)에 꼽들었는지 강물 줄기는 금방이라도 삼킬 듯 더욱 세지고 강가에는 수풀이 우거져 있고, 산도 녹색 옷으로 갈아입었다. 파미르하이웨이를 달려오면서 파미르고원(The Pamirs)이 입고 있는 옷 빛깔에 따라 내 마음도 강퍅해졌다가 서서히 넉넉해지면서 무표정에 미소를 띄우며 너그러워진다. 이래서 사람은 자연을 닮는다고 하나보다. 오후 5시, 마침내 호루그(Khorog)에 도착했다. 솔솔 부는 바람에 자작나무 잎이 살살 부딪치는 리듬과 활기찬 거리, 큼직한 수박과 멜론이 눈길을 끄는 녹색 도시에서 갈급했던 마음을 추스른다.

하루 종일 차 안에 앉아 있었더니 엉덩이가 배기고 두 다리를 쭉 펴고 싶은 마음이 굴뚝같다. 드디어 목적지에 도착했다. 교대 없이 장장 9시간이나 핸들을 잡고 있던 운전기사에게 차비를 내고는 버스에서 내려 허리를 쭉 펴 본다. 호루그(Khorog)에 세미나가 있다는 여기자 중년여성을 줄레줄레 따라 키르기스인이 운영하는 민박집으로 들어갔다. 방값을 아끼려고 여럿이 모여 자는 것은 좋은데 허름한 공동욕실에 방은 너무나 어둡고 눅눅하다. 나는 뒤집어쓴 먼지를 날려 버리고 싶고, 또 한갓지게 있고 싶어서 키르기스어로 '미안하다'고 연거푸 말하고는 거리로 나와 호루그(Khorog) 시내가 간단하게 그려진 길잡이 책을 폈다. 지도를 따라간 곳은 엎어지면 코 닿을 데 있는 여행정보센터. 지은지 얼마 안 된 게스트하우스였다. 빨갛고 검은 체리가 주렁주렁 달린 나무가 마당 한쪽을 풍성하게 했다.

영어로 대화가 막힘없는 주인아저씨 딸이 한국인이 있다면서 나를 소개시켜 준다. 수도 두샨베(Dushanbe)부터 모둠여행을 하는 한국인들이 었다. 어제 그들은 나랑 엇비끼어 무르가프(Murgab)을 지나 카라콜 호수(검은 호수)까지 다녀와서 완전히 지쳐 있었고 입이 까칠해졌는지 잘 먹지도 않았다. 특히 남자들이 그랬다. 길 떠나서 처음으로 먹는 우리 음식(카페 덮밥)의 감칠맛에 감사함으로 먹고 또 먹어서 그릇을 깨끗하게 비웠다. 중앙아시아에서 한국 음식의 귀중함을 아는 길라잡이 여성(한국인 선교사)과 나만 그렇게 남김 없이 깨끗하게 먹었다.

　이튿날 아침 9시, 그들은 두샨베(Dushanbe)까지 12~13시간에 걸친 대장정 길에 또 올랐다. 비행기로는 1시간이 걸린단다. 삶은 달걀과 감자를 두고 떠난 그들의 마음씨에 훈훈해진다. 그들을 배웅하고는 중앙아시아에서 전략적이고 적극적인 성향이 짙은 의료 관련 미국 비영리단체(NGO)에 다니는 한국계 미국인 여인과 얘기도 나누어 본다. 창문이 덜컹거리고 흙먼지가 창틀에 쌓이기 시작하더니 바람이 더욱 거세게 휘몰아친다. 흙빛 세상이 펼쳐지는 거리로 나가 보았다.

　도로 건너 강가에 있는 기다란 자작나무들이 곧 부러질 듯이 휘청거린다. 다리가 따가울 정도로 맞부딪치는 작은 흙(돌)과 휘부는 벼락 바람 속에 스카프로 얼굴을 감싼 사람들이 걸음을 멈춘다. 황사처럼 메마른 흙먼지 냄새가 진동하고, 눈은 시큰거리고, 목이 칼칼해지고,

▶ 온종일 매캐한 흙냄새와 작은 자갈이 날아드는 돌풍에 휩싸이다.

다리는 따가워서 단 1분 만에 이마가 씰그러졌다. 다시 숙소로 돌아와서 창문과 현관문을 꽁꽁 닫고는 모자란 잠을 채운다. 아무다리야 강 건너에 있는 아프가니스탄(Afghanistan)에서 시작한 그 돌풍은 새벽녘에서야 잠잠해졌다.

다음 날 아침, 돌풍이 언제 불었냐는 듯이 말갛게 개었다. 아침겸 두리를 하고는 성큼성큼 걸어 흔들거리는 다리를 밟아 아무다리야

▶ 큼직한 살구를 마음껏 먹었던 살구 도시

강 건넛마을을 거닐어본다. 조금 높은 언덕에 돌담으로 된 집들이 층층이 있고 집집마다 침이 꼴깍 넘어갈 정도로 노랗게 잘 익은 살구가 드레드레 달린 가지들이 담장 너머로 넘성대고 있었다. 이 마을은 주로 눈코입이 짙고 뚜렷한 타지크인들(타지키스탄의 선조들은 이란에서 왔다고 함)이 살고, 여성들은 전통의상(원피스에 바지를 입는다)을 즐겨 입는다. 그러고 보니 여행자들이 많이 찾는다는 파키스탄(Pakistan)에서 장수마을이자 살구마을인 훈자(Hunza) 마을과 닮아 있었다. 다시 강을 건너 돌아와서 시원스레 흐르는 짙은 회색 강물을 바라보며 점심을 즐긴다.

혼자서 쁠로프(Plov, 기름과 당근을 넣어 삶은 후 볶아 먹는 노란색 밥)와 샐러드를 먹고 있는데 한 할아버지가 아무 말도 없이 내 테이블에 그냥 앉아서 식사를 하신다. 앞 테이블에 있는 젊은 남성이 눈을 아래부터 치켜뜨면서 몇 번씩 쳐다보는데 또 동물원에 원숭이가 된 꼴이 되었다. 뒤미처 옆 테이블에 있는 현지인 관광객 중에 젊은이가 와서 '중국인이냐?' '키르기스인이냐?'고 귀찮을 정도로 몇 번씩 묻는다. 아! 하루에도 몇 번씩 듣는 '중국인이냐?' '어디서 왔냐?'……. 노이로제에 걸렸다(동남아시아 일주할 때는 일본인이냐?' '어디서 왔냐?'가 머릿속에 감돌았었다). 많은 여행자들이 공통으로 갖는 비명소리이기도 하다.

타지키스탄(Tajikistan)이 중앙아시아 중에서 여자(특히 동양인 여성)에게 집적거리는 남성이 많다고 소문이 난 것처럼 이죽이죽 웃으며 무조건 들이댄다. 이에 못 들은 척하고 무응답으로 내 갈 길을 가는 마음다짐을 해야 한다. 배껏 먹고 싶은 마음은 사라지고 서둘러 세금 포함한 음식비를 치르고는 거리로 나섰다.

유물 위주의 작은 지역박물관과 2000년도에 설립된 대학교도 들러보고는 큰 도로를 따라 걷다가 내친김에 아프가니스탄(Afghanistan)의 비자대행소까지 갔다. 내가 한국인이어도 문제없다며 웃으며 "No Problem!"을 강조한다. 이렇게 쉽게 들어갈 수 있는데 무단 입국할 경우에 형사처분을 받게 된다니…….

다음 날 아침, 뜨거운 태양을 피해 가로수도 살구나무와 뽕나무로 된 거리를 1시간 걸어 작은 시장(토요일마다 열림)에 도착. 사람들이 국경을 넘어와서 물건을 파는 시장을 들러 아쉬움을 달래 본다. 돌아오는 길에는 살구나무 아래 외로이 있는 연두색 테이블에 앉아 스테이크 비슷한 까뜨레트와 커피 한 잔도 즐기며 행복에 젖는다. 노란 살구가 뚝 떨어지고, 풀 위에 떨어져서 깨지지 않은 살구 몇 개로 입가심하는 풍요로움을 만끽한다.

며칠 동안 묵새겼던 게스트하우스 앞 빈터에는 두샨베(Dushanbe)로 가는 4륜 승합차, 소련제 작은 버스들, 사람들로 꽉 찼다. 여기저기에서 호객이 한창이다. 나도 몇 군데서 가격을 묻고는 착한 차비(외국인에게 웃돈을 요구하지 않음) 제시하는 대부분의 손님이 여성으로 채워진 자동차에 올랐다. 두샨베(Dushanbe)까지 몇 시간 걸리는지 묻는 나에게 운전기사와 일행들(현지인들)은 들떼놓고 얼버무린다. 손님을 다 채운 자동차가 먼저 떠나는 것이 불문율. 혈기가 왕성한 젊은 운전기사는 출발과 동시에 아랍계 음악을 틀어놓는데 맨 뒷자리 그것도 스피커 옆에 앉은 나는 마뜩잖았다. 졸음방지용으로 하루 종일 왕왕거리는 같은 노래에 시달려야만 했다.

▶ 토요일마다 열리는 아프가니스탄 시장

▶ 살구나무 아래 레스토랑

자동차는 달리고 달려도 제자리인 것처럼 계속 산만 나온다. 석회석을 풀은 듯 잿빛의 물줄기가 세차게 흐르는 아무다리야 강 건너 산중턱(아프가니스탄 영토)에는 겨우 한 사람만 다닐 수 있는 오솔길이 있다. 때로는 산사태로 마을과 마을을 이어주는 길이 끊겨 있고, 에돌아야 한다. 시장에 다녀오는지 아프가니스탄(Afghanistan) 전통의상을 입은 남성들, 머리에 물건을 이고 오는 여인들을 뒤따라오는 당나귀들…….

가끔 높은 산에는 눈이 해끗해끗 내렸다. 이번에는 아프가니스탄(Afghanistan) 쪽에 돌로 지은 집들이 옹기종기 모여 있고, 풀이 자라는 산기슭에는 제법 큰 마을이 있다. 학교와 관공서가 있는 아프가니스탄(Afghanistan) 마을에는 아직도 젊은 여학생들이 교복으로 푸른색 부르카를 입고 있다. 푹푹 찌삶는 이 더운 날씨에 말이다. 굴곡진 자갈길을 잘 달리던 자동차가 말썽을 부려서 좁은 도로 가장자리에 세워놓고는 운전기사가 능숙한 솜씨로 뒷바퀴를 바꾼다.

▶ 그나마 푸른 자연과 함께 하는 아프가니스탄 시골 마을

밤 12시. 마침내 두샨베(Dushanbe)에 도착했다. 일행들은 각자 가족들과 함께 갈 길을 가고, 나만 뚜벅뚜벅 걸어 시내로 들어가 본다. 박물관 쪽에 있는 호텔로 가는 길이 공사 중이고 설상가상으로 에둘러 가는 길은 가로등이 없다. 막막하기만 하다. 택시운전기사들(지나가는 자동차를 잡으면 그것이 곧 택시가 된다)은 웃돈을 요구하고 막판에는 집적거린다. 새벽 갓밝이에서야 간신히 택시를 잡아타고는 서커스 근처에 있는 싼 방으로 올라갔다.

날은 밝아오고 졸음도 밀려온다. 호텔 직원 교대시간에 맞춰 열쇠를 받고는 직원을 따라 호텔로 갔다. 외국인인 내가 어리바리한 줄 알고는 4층에 있는 허름한 방을 내어준다. 화가 나서 호텔비를 돌려달라고 하자 그때서야 제대로 된 방을 내어주는데 그렇지 않아도 택시운전기사들 때문에 불쾌했었는데.... 또 힘들게 한다.

오전 내내 밀린 잠을 청하고는 오후에서야 두샨베(Dushanbe) 시내구경을 갔다. 이렇다 할 볼거리가 없는 수도 두샨베(Dushanbe)에서는 투르크메니스탄대사관에 들러 경유 비자를 신청해 놓고, 호루그(Khorog)에서 만났던 중년여성의 가정에 초대받아 한국 음식으로 극진한 대접에 힘들었던 여정이 눈 녹은 듯 스르르 풀리는 것 같다. 타지키스탄에서 태권도국가대표 사범을 맡고 있는 그분의 남편은 타지키스탄(Tajikistan)이 소련연방국가에서 독립하자마자 러시아 모스크바(Moscow)를 거쳐 두샨베(Dushanbe)에 들어왔다고 한다. 그때는 완전히 암흑세계로 배급으로 나오던 빵과 연금이 안 나오자 사람들은 우왕좌왕하고, 러시아인들은 구타당하기도 하고, 건물은 온통 회색빛이었단다. 타지

키스탄(Tajikistan)은 7년간 내전을 겪어야만 했고 그래서 독립일이 두 번 있다.

타지키스탄(Tajikistan)의 끝막음이 될 도시 후잔트(Khojand)행 승합차를 타려고 두샨베(Dushanbe) 변두리로 가는 전차에서 배낭 맨 윗주머니에 있던 성경책을 잃어버렸다. 게다가 4륜 자동차에는 체격이 좋은 여성들과 같이 탔더니 비좁고 불편해서 혼났다. 호루그(Khorog)에서 올 때보다는 그나마 도로사정이 좋은 편이었으나 산을 몇 바퀴 돌고 돌아야만 했다. 이 도로는 중앙아시아를 자기네 무역로(새로운 실크로드)로 두고 있는 중국(China) 정부가 나서서 정비하고 있었다. 때로는 꼭대기 까지 올라가고, 터널 천장에서 비 내리고 깜깜한 터널도 지나야만 했 다. 정비를 해도 워낙 산을 넘고 넘는지라 얼마나 험난하면 이 도로 를 시작하고 끝나는 지점에는 세차로 돈벌이를 하는 이들이 있을 정 도이다.

오늘은 반나절 동안 차 안에 있다가 후잔트(Khojand)에 무사히 닿았 으나 호텔을 어렵게 찾았다. 이곳도 역시 젊은 남성들이 히죽히죽 헤 식은 웃음을 지으며 날 도와주겠다고 영어로 넌지시 묻는다. 못 들은 척 오로지 나의 길만 갈 뿐이다. 그동안 이동하느냐고 대근했던 나 자신에게 에움으로 조금 비싼 호텔에서 하룻밤을 묵는다. 다음 날 아 침, 작은 버스를 타고 타지키스탄(Tajikistan) 끝에 있는 카이라쿰 호수에 들렀다. 타지키스탄(Tajikistan)에서 계속 높다랗고 흙색의 산만 보다가 수평선이 있는 큰 호수를 보니 내 눈도 마음도 시원해진다. 몇 분 동 안 물끄러미 바라보고는 우즈베키스탄(Uzbekistan) 페르가나 계곡에 있 는 코칸트(Kokand)행 먼 길에 오른다. 워낙 짧은 시간에 머물었던 후잔 트(Khojand)에 풋정조차도 못 남기고.

04

우즈베키스탄 Uzbekistan

공식명칭 : 우즈베키스탄(The Republic of Uzbekistan)

위치 : 중앙아시아 중부

면적 : 447,400㎢(한반도의 2배)

인구 : 2,730만 명(2006년 말 기준)

수도 : 타슈켄트(Tashkent)

정체 : 대통령중심제

언어 : 우즈베크어, 러시아어

인종 : 타지크인(64.9%), 우즈베크인(25%), 러시아인(3.5%), 기타

종교 : 이슬람교(수니파 70%, 시아파 18%), 기타

날씨 : 고온건조한 사막성기후

비자 : 관광비자(30일)가 있어야 한다.

시차 : 한국보다 4시간 늦다.

통화 : 쑴(Sum)

체험물가 : 생수(1L) 3~4위안, 인터넷(1시간) 6~8위안(지역별로 차이가 크다)[5]

음식 : 라그만(Lagman), 강판(Gangfan), 뺄로프(Pulov), 샤슬릭(Shashlik), 베스바르막(Besbarmak), 난(Nan), 쌈사(Samsa), 쿠무스(Kumus) 등

국기 : 하양은 평화를, 초록은 자연을, 빨강은 생명력을, 파랑은 영원한 밤과 생명의 근원인 물을 상징한다. 파랑 바탕에는 초승달과 흰색 5각 별 12개를 배치하였는데, 고유의 전통과 문화를 상징하며 12 궁도를 나타낸다. 초승달이 이슬람교의 상징임에도 불구하고 초승달이 종교보다는 국가 부활에 더 의미를 둔다.

• 자료출처 : 주 우즈베키스탄 대한민국대사관 www.uzb.mofat.go.kr

5) 2011년 7월, 필자가 여행했던 당시의 체험물가이다.

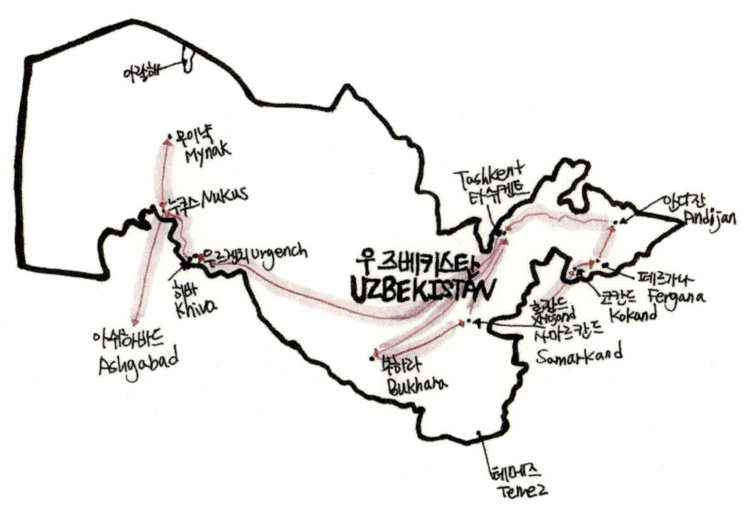

우즈베키스탄 코칸트Kokand → 페르가나Fergana → 안디잔Andijan → 타슈켄트Tashkent → 부하라Bukhara → 사마르칸트Samarkand → 타슈켄트Tashkent → 히바Khiva → 누쿠스Nukus → 투르크메니스탄 아슈하바트Ashgabad

고도가 높아서 춥기도 하고 날씨가 뒤변덕스러웠던 바로 옆 나라 타지키스탄(Tajikistan)과는 사뭇 다른 날씨이다. 구름 한 점 없는 한여름의 뜨거운 태양 아래, 국제기구와 한뜻으로 세워진 두 나라 사이의 국경에 서 있다. 오후 3시라서 그런지 타지키스탄(Tajikistan) 쪽은 한산하고, 이민국 직원들이 군복을 입고 있어서 경직된 분위기였다. 나도 세 명의 현지인들 뒤를 따라 들어갔는데 내 여권과 신청서를 본 책임자(군인)가 들어오라고 한다. 순간 긴장되면서도 틀린 것도 없으니 안 될 것 없다는 마음으로 들어가서 현지어로 인사를 하고는 자리에 앉았다. 검은 콧수염이 인상 깊은 책임자는 단지 외국인인 내가 누구인지 궁금했다면서 그는 노트에 내 기록을 남긴다.

몇 발자국만 걸으면 우즈베키스탄(Uzbekistan) 국경이다. 조금 부드러운 느낌의 이민국심사……. 짙푸른 제복을 입은 여직원과 캐주얼 정장 차림의 남직원이 있어서 그런가. 러시아어로만 된 입국서류를 쓰기가 어려웠던 나에게 영어판을 두 장 건넨다. 그들은 나에게 영어로 간단하게 설명해 주고, 타지키스탄(Tajikistan)과 자기네 나라 중 어디가 더 좋으냐고 웃음엣소리도 한다.

현지인들과 어디서 많이 본 작은 승합차(다마스)에 오른다. 앗! 환전할 데가 없었는데 운전기사는 타지키스탄(Tajikistan) 소모니(Somoni)를 더 챙긴다. 그래도 오늘 안에 페르가나 계곡에 있는 코칸트 칸국(1740년 중앙아시아에 세워진 유목국가-부하라 칸국, 히바 칸국, 코칸트 칸국)에 들어왔으니 개의치 않다. 그나저나 읍내에 들어온 것 같은데 은행도 환전소도 호텔도 안 보인다. 지금 우즈베키스탄(Uzbekistan) 쑴(Sum)이 한 냥도 없건만 정말 큰일이다. 작은 읍내에 은행이 하나 보이고, 주위에 비닐봉지나 작은 가방을 든 남성들이 서성거린다. 조금 더 걸어가서 모퉁이를 돌다가 휴대전화 가게 직원에게 물었더니 거리를 가리키며 작은 의자에 앉아 있는 아주머니들이 환전을 해준단다. 바로 그네들이 암거래상이었다.

한 아주머니가 미국달러를 쑴(Sum)으로 계산해 주는데 내가 이 나라의 환율에 적응이 안 되어서 한참 헤맨다. 여행하면서 천천히 걷더라도 환율만큼은 제일 먼저 내 것으로 만들어야만 그 나라 물가를 빨리 받아들이고 외국인이기에 옴팡지게 바가지 씌우는 것을 피할 수 있다. 도로 건너에 있던 한 아저씨가 작은 종이가방을 열어 보여 주며 환전하자고 한다. 이 아저씨 한 명이면 협상이 되겠는걸……. 그러나 훈수 두는 이들이 한둘씩 모여들어 새롱대기 시작한다.

길을 걷는데 한 가게 앞에서 한 무리의 동네 사람들이 모여 와자지껄 떠든다. 바로 단기여행을 온 세 명의 한국인 대학생들과 우리나라에서 이주민노동을 하고 돌아와서 주유소와 가게를 운영한다는 현지인 중년남성이었다. 동네 아이들은 신기한 듯 그들을 물끄러미 쳐다보고, 이 깊숙한 페르가나 계곡에서 한국인을 만난지라 나도 마냥 신났다. 이주민노동을 했던 중년남성은 자기 친구를 불러서 환전을 도와주고, 또 다른 젊은 현지인(그도 역시 우리나라에서 이주민노동을 했었다)이

택시를 몰고 와서 호텔을 찾아주었다. 이렇게 도와주는 것은 매우 고마운데 우리나라 물가를 빤히 아는 그들은 생수와 택시비를 현지 물가의 두 배로 계산한다. 불쾌했지만 참아본다.

어쨌든 읍내에서 가장 싼 호텔은 국영호텔로 외국인은 머물 수 없고, 싼 게 비지떡이라고 너무나 허름해서 더 고단해질 것 같은 곳을 지나 코칸트 왕국(The Kingdom of Kokand) 주변으로 갔다. 오! 근사하고 새로 지은 건물이 들어선 신시가지에 있는 호텔인데 배낭여행자인 나에게는 약간 비싼 편이었다. 그나마 가까스로 가격 대비 시설 좋은 호텔에 머물렀다. 호텔에 들어서자마자 무거운 배낭을 내려놓고는 두툼한 쑴(Sum)을 꺼내서 환율 공부를 해둔다. 우즈베키스탄(Uzbekistan)은 금융제도가 발달하지 않아서 화폐단위가 다양하지 않고, 높은 단위도 없다. 낮은 단위로 환전했던지라 갑자기 복부인이 된 것 같다.

이튿날 아침 일찍, 코칸트 왕궁(The Kingdom of Kokand)으로 나갔다. 왕궁 앞은 깔끔하게 잔디가 깔린 공원에 찻집도 있고, 뒤로는 신시가지로 명품, 호텔, 음식점 등 야트막한 고급건물이 나란히 들어서 있다. 영롱한 아침 햇살에 코칸트 왕궁(The Kingdom of Kokand)의 파란빛이 도드라진다. 오래된 나무로 된 대문이 열리고 안으로 들어가 본다. 외국인 차별입장료를 내고서 바로 높다란 천장을 올려다보았다. 이슬람사원

에서 많이 보는 문양이다. 궁전 안마당 한쪽에는 왕 행차에 쓰였을 나무로 된 수레가 4개 있다.

청나라 때 신장지역의 위구르인들과 활발한 교류 그리고 청나라와의 잦은 전쟁이 있어서 그랬는지 동서양의 어울림이 있는 방문이 정겹다. 지금은 왕궁 일부를 공개하고 왕들의 유품과 그 당시의 사진을 모아둔 박물관을 만들었다. 쓰윽 둘러보는데 내 눈길을 끄는 것이 있으니 우리네 조선시대에 양반집 여성들이 쓰개치마를 쓰고 다닌 것처럼 이곳에서도 그랬던 듯 빛바랜 흑백사진이 말해주고 있다. 사실 지금은 달랑 왕궁 한 채만 소슬히 남아 그 시대에 어느 정도 영향력을 펼쳤는지 감을 잡기가 어렵다.

18세기 역사 속에 잠시나마 있었다는 희열을 마음속에 안고 포도로 유명한 페르가나 계곡으로 들어가는 공공버스(친절하게도 코스별로 적힌 요금표가 있어서 외국인에게 웃돈 씌우는 일이 없다)에 오른다.

늦은 오후, 페르가나 읍내에 꼽들었는지 집집마다 대문 앞에 있는 드레드레한 포도송이가 내 침샘을 콕콕 찌른다. 페르가나 계곡이라고 불리기에 산골짜기인 줄 알았는데 그렇지도 않다. 행복하게도 정류장 근처가 모두 좌판 시장으로 먹을거리가 많다. 점심을 먹었는지 기억에도 없고, 자줏빛 자두로 입요기하고 싶어서 철제양동이에 파는 자두와 살구에 눈길을 준다. 한 아주머니가 자두를 사는 것을 보고 가격을 가늠해본다. 그때 뒤에서 우리말로 "안녕하세요! 한국사람 맞죠!"라고 인사를 해서 뒤돌아보니, 아주 젊은 여인이 반가운 듯 함박웃음을 지어 준다. 나도 따라 웃는다.

선한 느낌을 주는 그녀는 짧게 자기소개를 하고는 자기 엄마와 남동생이 있는 좌판으로 나를 데리고 갔다. 나에게 물건을 팔 마음이 있던 것이 아니라 대학교에서 한국어를 전공하고, 다음 학기(9월)에는 고급반 수업(한국국제협력단의 파견단원이 교수임)을 듣는다며 나와 친구가 되고 싶었단다. 장사가 끝나면 자기네 집으로 가자고 이 낯선 나그네를 초대해준다. 그녀의 집에 들고 갈 음료수와 빵, 수박, 멜론을 샀다. 포도는 자기 집에도 많다면서 한사코 사지 말란다. 우리는 싸고 많이 살 수 있는 과일시장에서 신 나게 돌아다녔다.

▶ 집집마다 있는 포도나무

　해거름 속에 작은 버스를 타고 읍내를 벗어나자 곧바로 시골풍경이 나온다. 내가 어릴 때 뛰놀던 동네 같다. 삐걱거리는 작은 대문을 열고 들어가니 정갈하게 빗질이 되어 있는 마당, 텃밭, 아름드리나무, 콸콸 흐르는 수돗가가 한눈에 들어온다. 단출한 살림으로 3대가 살고 있다. 귀가 어둡고 거동이 불편하신 할머니는 동네손님들과 툇마루에 앉아서 얘기를 나누시고, 한국인 남성과 국제결혼한 큰언니가 유치원에 다니는 딸을 데리고 모처럼 친정에 들렀다고 한다. 그때서야 그녀가 왜 한국인에게 더 애틋한 사랑을 갖는지 알게 되었다.

　그녀는 벽돌로 틀을 잡기 시작한 집을 가리키며 러시아(Russia)에서 이주민노동을 하는 아버지가 돈을 보내줄 때마다 벽돌을 올린다고 한다. 음식 솜씨가 좋은 그녀의 어머니가 만들어준 고깃국과 포도를 배껏 먹고는 나를 위해 청소해준 큰 방에서 가족들 모두 모여 우리 드라마 "선덕여왕"을 본다. 호텔과 홈스테이의 다른 점을 여기에서 찾는다. 지금 이 순간 누가 머리를 쓰다듬어 주면 소르르 잠들 정도로 고단함이 졸음으로 된다. 호텔에서 느낄 수 없는 '가족의 따뜻함'이 고단했던 내 몸을 나른하게 해주는 난로가 되어준다.

이튿날 아침, 눈부시고 따사한 아침 햇살이 기분 좋게 해준다. 안디잔(Andijan)으로 떠날 채비를 하고는 그녀의 어머니에게 하루 숙박비를 냈더니 한사코 거절하신다. 그녀와 남동생, 사촌 동생을 만나서 좋은 레스토랑에서 점심도 먹고, 유물 위주로 된 지역박물관도 쓰윽 돌아보고는 놀이공원에서 신 나게 놀았다. 아이스크림이 금방 녹을 정도로 푹푹 찌삶는 한여름 더위에 큰 배낭을 메고 엄청 돌아다녔다. 난로와 청량음료 같았던 그들과의 만남은 나의 신이 예비해 두었던 것으로 내 마음속에 오래도록 남을 것이다. 그들과 뜨거운 포옹으로 아쉬운 작별인사를 하고는 안디잔(Andijan)으로 떠나는 공용버스에 몸을 싣는다.

▶ 길벗들과 즐거운 시간을 보내다.

　뜨거운 햇살이 넘성대는 버스에서 대개 졸릴 테지만, 낯선 길로 떠날 때의 긴장 속에 잠도 달아난 지 오래다. 극단주의 모슬렘, 안디잔 유혈 사태, 대우공장, 페르가나 계곡 등으로 생각의 늪에 빠지고, 버스는 쭉 뻗은 도로를 활기차게 달린다. 오후 5시 마침내 외곽에 있는 시외버스정류장에 닿았고, 중급호텔이 보인다. 시내지도가 없어서 메모해 두었던 안디잔호텔로 가는 다마스(대중교통수단)에 올랐다. 푹 쉴 수 있을 기대를 안고 호텔로 한걸음에 달려갔으나 곧 난감해진다. 방이 없다는 건지 혹은 외국인이라서 방이 없다는 건지 자세하게 안내해 주지 않는 차끈한 사장에게 더 물어보지 못하고 발길을 돌릴 수밖에 없었다. 일단 근처에 있는 이슬람 건축양식으로 된 지역박물관으로 가보지만, 문 닫을 시간이라며 내일 오란다.

　중급호텔이 있던 시외버스정류장 쪽으로 다시 돌아간다. 자국민, 소련연방독립국가(러시아 및 CIS), 외국인의 차별요금이 있는 것과 뷔페식 아침 식사를 즐길 수 있는 두 군데 중급호텔을 뒤로하고 결국 맞은바라기에 있는 호텔(차별요금과 아침 식사 있음)에 묵었다. 지금까지 여행하면서 이 호텔이

▶ 시민들의 발이 되어 주는 작은 버스, 다마스

가장 좋고 비쌌다. 널따란 방과 더블침대, 냉장고, 옷장, 욕실을 오랜만에 본다. 호텔을 찾으려고 여기저기 돌아다니며 느낀 분위기는 내가 한국인(대부분 사업가들)임을 금방 알아차리고, 인사만큼은 우리말로 건넨다는 것이다. 한국어와 한국 드라마 열풍도 세차게 불고, 시민들은 대우자동차공장이 안디잔(Andijan)에 있다는 것에 자부심을 갖고 있었다.

이렇게 밝고 평온한 분위기 속에 핏빛이 지워지지 않은 아픔과 어두움이 있는 도시가 안디잔(Andijan)이다. 2005년 5월 13일에 안디잔(Andijan)에서 발생한 반정부 시위에 우즈베크 정부군의 유혈 진압으로 1천 명 이상이 사망했었다. 우즈베크 정부는 수도 타슈켄트(Tashkent) 시민들이 모를 정도로 언론을 통제했었다고 한다. 사태진압 후, 재발을 막기 위해 회유책으로 밤마다 공연하고, 폭죽 터뜨리고, 자금을 풀어서 바부르 공원 주변에 많은 건물을 새로이 단장했어도 가족과 친지를 잃은 남은 가족들의 슬픔까지는 덮고 지우지 못했다. 어쩐지 많은 것이 반짝반짝 새로웠다. 6년이 지난 오늘날 낯선 이에게는 평온

▶ 아스팔트 속에서 끓고 있는 시민들의 뜨거운 피가 아지랑이로 피어오르다.

하게만 느껴지는 도시이다.

　다음 날 아침, 이슬람 건축양식의 지역박물관에 들러서 안디잔사태 관련 사진을 보고 싶었으나 애오라지 유물만 있을 뿐 현대사가 없다. 박물관을 나와 호텔 근처에 있는 빈터로 가서 우즈베키스탄(Uzbekistan)의 수도 타슈켄트(Tashkent)로 가는 자동차(일반자동차를 같이 타는 것)에 올랐다. 뒷자리에 3명이 타는지라 불편하다. 그리고 산을 오르락내리락하는지라 굴곡진 길이 많다. 안디잔(Andijan)을 빠져나와 도로 통행료 징수소에 다다랐다. 군인들의 검열이 철저하다. 또 외국인인 나만 내려 사무실로 가서 여권과 지난밤 묵었던 거주등록증(호텔에서 쪽지에 적어 줌)을 검사한다.

　자동차는 다시 굽이굽이 고갯길을 쌩쌩 달린다. 산 중턱에서 대형 사고가 발생했다. 일반자동차와 러시아제 짙푸른 트럭이 정면충돌하

▶ 고갯길을 넘어 타슈켄트에 이르다.

여 자동차 운전자가 그 자리에서 생을 다했다. 다른 승객도 피를 철철 흘리며 바닥에 누워 있다. 험난한 고갯길을 반나절 달려서 해가 뉘엿뉘엿 외로이 기울일 때쯤 수도 타슈켄트(Tashkent)에 이르렀다.

타슈켄트(Tashkent)를 잘 몰라 옅은 주황색의 부채꼴 모양으로 된 우즈베키스탄 국영호텔(딱딱한 소비에트풍) 앞에서 내렸다. 날은 어두워지고, 도시에 나무가 많다는 것 빼고는 아무것도 눈에 들어오지 않는다. 지나가는 우즈베크 젊은 연인에게 부탁해서 메모해 두었던 홈스테이에 전화를 걸었더니 틀린 번호란다. 거리에는 가로등 불이 하나둘씩 켜지고 다시 국영호텔로 돌아온다.

수첩에 적힌 가장 저렴한 호텔로 가려고 택시를 잡는데 마티즈(택시 표시가 없고 지나가는 자동차가 택시가 됨) 몇 대가 오더니 외국인인지라 두 배(택시비를 알려고 일부러 몇 대 잡다)로 말한다. 겨우 한 대 잡아타서 30분 걸리는 서커스 근처 호텔로 갔다. 가장 싼 호텔답게 내부가 단출하고 써느런 분위기만 감돈다. 풍채가 넉넉한 러시아인 중년여성은 내가 외국인임을 알고는 표정 없는 얼굴(많은 러시아인들이 표정이 없다)로 방이 없다며 큰 목소리로 "No!"라고 얼음장같이 차갑게 몰아친다. 성질 같아서는 영어로 "방 없으면 없지! 뭐 그렇게 말하느냐!"고 쏘아붙였을 것인데 우리나라가 아닌지라(우리나라였으면 이런 대접을 받지 않는다) 괴어오름을 참아본다.

아, 막막하고 힘들다. 큰 도로로 터벅터벅 내려와서 어두운 밤길을 걷는다. 아무리 찾아도 없는 호텔…… 이쯤해서 금강산도 식후경인지라 늦은 저녁을 먹으려고 무선인터넷이 되는 퓨전레스토랑으로 들어갔다. 인터넷에서 중급호텔을 검색해 놓고는 까뜨레프 고기만 먹고 계산하는데 와이파이 비용과 세금이 들어가 있다. 무선인터넷은 손님을 끌어들이기 위한 전략이었던 것인가. 거리에는 사람들이 별로 없고 그나마 착한 택시비를 부르는 택시(마티즈)를 타고서 20분 걸려 중급호텔이 있는 골목으로 들어갔다. 분위기 나쁘지 않은 안내대에 있는 우즈베크 직원은 방마다 이미 꽉 찼고, 특실만 남았다면서 깎아주겠다고 하는데 어째 나를 속이는 것 같다. 조금 더 좁은 골목을 걷다가 큰 개를 데리고 산책하는 러시아인 젊은 부부에게 영어로 물었더니 화들짝 놀라며 손짓 발짓으로 호텔가는 길을 일러준다.

다시 성큼성큼 걸어서 네온불빛이 새어나오는 곳으로 한걸음에 달려갔다. 영어로 대화가 가능한 잘생긴 우즈베크인 호텔 남직원은 호텔비를 조금 높이 부르고는 깎아 주겠다고 한다. 더 이상 이래저래 두뇌를 돌리고 싶지 않아서 밑두리콧두리 따지지 않고 눈치껏 원가격임을 알아채고는 2층 트윈침대방에 묵는다. 케이블채널과 아침 식사를 즐길 수 있음에 그나마 만족한다. 타슈켄트(Tashkent)는 배낭여행자에게 특별한 관광지와 저렴한 게스트하우스를 내놓지 못하는지라 많은 여행자들은 수도를 훌쩍 넘어 세계적으로 유명한 유적지로 떠난다. 나도 호텔비가 비싼 타슈켄트(Tashkent)에서 달콤쌉쓸한 하룻밤을 보낸다.

이튿날, 아침부터 뜨거운 태양이 내리쬔다. 시내버스를 타고 부하라(Bukhara)행 기차표를 사러 기차역으로 갔다. 광장에는 암거래상인들과 손님들이 북적거리고, 안으로 들어가려는데 여권을 검사한다. 여기도 줄은 없고, 먼저 여권을 내미는 사람에게 우선권이 주어진다.

▶ 이슬람유적지 부하라로 가는 침대 기차는 뜨거웠다.

다행히도 외국인 창구가 따로 있고, 러시아인 여직원이 영어로 친절하게 해준다. 부하라(Bukhara)행 침대 기차표를 잘 샀다는 자부심을 갖고 구름 한 점 없는 파란 하늘을 한 번 쳐다보며 화려한 러시아정교회가 있는 길을 걷는다.

그날 저녁, 나는 옅은 하늘색으로 된 길게 늘어진 부하라(Bukhara)행 침대 기차에 몸을 실었다. 냉방이 전혀 안 되는 찜질방 같은 침대칸에 저녁햇빛이 1층 침대 자리를 환하게 비추고 있다. 손님들은 손부채로 아니면 손수건을 돌려서 잔바람을 일으키고, 남자들은 웃통을 벗어젖힌다. 나는 침대에 바로 누워 잠을 청한다.

부하라(Bukhara) 여행을 끝내고, 제2의 도시라고 불리는 사마르칸트(Samarkand)에 들렀다가 환전할 곳도 현금인출기도 없어서 최대 난간에 맞부딪혔다. 고전적인 작은 건물의 국립은행에서는 월요일에 그것도 비자(VISA)카드여야만 출금할 수 있단다. 당장 가진 돈도 별로 없는데 큰일이다. 다시 타슈켄트(Tashkent)로 돌아갈 수밖에 없다. 우즈베키스탄(Uzbekistan)의 불편한 금융제도가 이방인을 애먹이고 있다.

점심나절, 타슈켄트(Tashkent)행 시내버스에 올랐다. 출발이 정해져 있다고 하나 그렇지도 않은 것 같다. 두 배의 가격이지만 조금 더 편하게 빨리 가는 승합차가 있으나 지금은 돈을 어떻게라도 아껴야 하는지라 자리가 빼곡하게 들어차고 냉방이 안 되는 시외버스에서 말뚝잠을 청한다. 드디어 오후 늦게 타슈켄트(Tashkent) 변두리에 이르렀다. 발걸음을 떼기 전에 우선 정류장 긴 의자에 앉아 어수선한 마음을 가다듬는다.

▶ 중앙아시아에서 타슈켄트에만 지하철이 있고 역마다 다르게 꾸며져 있다.

저 멀리 군복을 입은 한 청년이 지키고 있는 지하도가 보인다. 바로 지하철역이다. 작은 도전을 시작해보려고 지하도로 내려가서 매표소에서 돈을 내고 우리네 500원 크기의 동그란 표를 샀다. 그 표를 개찰구에 넣으려는데 경찰 두 명이 나를 부르고 검문(여권과 배낭검사)을 한다. 씨식잖은 것까지 검사하지 않으니 그다지 기분 나쁘지 않고 이젠 그러려니 체념해둔다. 우리나라에서 노란색 지하철표를 그랬던 것처럼 개찰구에 동그란 표를 넣고 뺀다. 잘 모르는 나는 두리번거리며 사람들을 울레줄레 따라간다.

대리석으로 예쁘고 화사하게 꾸며진 곳에 샹들리에가 화려한 지하철역(교민에 의하면, 지하철역마다 다르게 꾸며졌다고 한다)을 더욱 도두보고 있다. 중앙아시아는 공공시설에서 사진을 못 찍게 되어 있기에 누가 볼새라 아름다운 지하철을 사진기에 몰래 담아둔다. 옅은 하늘색의 짧은 지하철이 들어온다. 지하철 안은 표정 없는 사람들이 많다는 것 빼고는 우리네와 별반 다르지 않았다.

이제는 내 문제, 돈을 출금해야 하는 것에 깜냥을 다해야 한다. 타슈켄트(Tashkent)에서 가장 큰 국제호텔로 갔다. 정장을 깔끔하게 입은 남자직원은 왼쪽의 현금인출기를 가리키나 우즈베키스탄(Uzbekistan) 정부가 금융개혁을 하기에 지금은 사용할 수 없단다. 또 다른 호텔로 갔다. 전 세계적으로 많이 사용하는 두 가지 카드회사 것만 쓸 수 있다. "C" 은행의 국제현금카드와 체크카드(VISA)를 갖고 있던 나는 발길을 돌려야만 했다. 오늘따라 날은 더 빨리 저무는 것 같고, 이젠 어떻게 한담. 어슬녘에 배낭을 메고 조금 걷다가 PC방으로 가서 키르기스스탄(Kyrgyzstan)의 수도 비슈케크(Bishkek)에 있는 우즈베키스탄대사관 앞에서 만나서 얘기도 나누고 식사도 같이 했던 한국인 대학생의 부모님 댁(타슈켄트에서 생활)에 전화를 걸었다. 전화로 처음 인사를 드리는데도 친절하게 받아주신다. 문제를 같이 의논할 수 있는 교민을 뵙기에 약간 흥뚱댔던 내 마음이 안정을 되찾는다.

내가 지난번에 머물렀던 호텔 근처(한국인과 러시아인들이 많은 사는 구역)라서 금방 찾을 수 있었다. 한국식으로 저녁부터 챙겨 주시고 어떻게 해야 하는지 어려움을 함께 나누고, 호텔까지 찾아주신다(글로도 말로도 감사함을 표현하는 것이 부족하다). 다른 나라에서 이렇게 다함없이 나의 어려움을 오랜 시간 함께 해줄 사람이 몇 되겠는가. 덕분에 우리나라로 국제전화를 걸어서 급한 현금을 찾을 수 있었고, 한낮에는 걸어다니기 힘들 정도로 찌삶는 더위에 히바(Khiva)행 기차표까지 사다 주셨다. 감사함에 몸 둘 바를 모르겠다.

사마르칸트(Samarkand)로 나들이를 떠나는 그 가족에게 감사함을 전하고 나의 길을 떠난다. 그리고 한인교회에 들러 갈급함이 컸던 나는 은혜로움을 많이 받았다. 잃어버렸던 하나님의 말씀을 되찾았기 때문이다. 내가 떠나는 날 오후, 회색 대문 앞에서 내가 골목모퉁이를 돌아갈 때까지 배웅해 주시고, 부러진 내 안경테를 고쳐 주지 못한 것에 짠하셨던지 긴 여운을 남겨주신다. 우즈베키스탄(Uzbekistan)에서 두 번째로 가족의 따뜻함이 얼마나 큰 힘이 되는지 새삼 느낀다.

이럴 수가! 어지간히 떠나고 싶지 않았는지 늘쩍지근해진 내 몸이 문칫문칫한다. 까딱하다가 히바(Khiva)행 기차를 놓치게 생겼다. 큰 도로로 나와 기차역까지 가는 자동차(택시)를 잡아탔다. 능히 어려움을 헤가르고 나갈 수 있는 능력을 주심에 느꺼움과 은혜로움을 안고 냉방이 안 되는 찜통 같은 히바(Khiva)행 침대 기차에 몸을 실었다.

사람들이 모이는 곳, 사마르칸트(Samarkand)

부하라(Bukhara)에서 오전에만 운행하는 사마르칸트(Samarkand)행 공용 시외버스를 놓쳤다. 아침부터 떠날 채비를 했건만 이렇게 되다니……. 날씨는 살이 타들어 갈 것같이 불볕더위이고, 합승자동차(나누어 타는 자동차) 기사는 잔밉게도 웃돈을 원하는지라 내 마음이 덩굴진다. 한참을 기다렸다가 손님이 꽉 차니 그때서야 도로를 질주한다. 어슬녘에 도착한 사마르칸트(Samarkand)는 제2의 도시답게 도로가 잘 뻗어 있었다.

교민에 의하면, 이명박 대통령이 사마르칸트(Samarkand)에 도착하여 도시 전체를 보다가 "길이 왜 이렇게 엉망입니까?"라는 한마디의 말 말결에 오도발싸한 우즈베크 대통령과 장관 체면(중앙아시아는 겉치레가 번지르르한 체면문화임)이 구겨졌는지 시리에 아스팔트 도로를 새로이 깔았다고 한다. 순된 성향의 우즈베크 시민들은 정부에서 추진하는 일이라면 데바쁘게 후다닥 해치운단다. 어쨌든, 푹 꺼지고 엉망이었던 도로가 다른 옷을 갈아입으면서 도시의 위상이 한층 높아졌다는 말도 나온다. 지금 나는 택시비가 1,000쑴이라고 적힌 마티즈 택시를 타고 그 도로 한가운데에 있다.

'사람들이 모이는 곳'이라는 뜻의 사마르칸트(Samarkand)에 있음에 내 마음이 글뛴다. 택시 운전기사는 관광의 중심지로 '모래땅'이라는 레기스탄 광장(The Legistan Square)에 세워 주었다. 대낮을 방불케 할 정도로 화려한 불빛 아래에 사람들이 선선한 밤바람을 쐬고 있다. 나는 느른

해진 몸을 누일 수 있는 민박집부터 찾았다. 골목을 잘못 찾아서 민박촌이 아니라 중급호텔이 듬성듬성 있는 골목이었다. 밤도 늦었으니 일단 조금 허름한 여관에 짐을 풀고는 헛헛한 속을 채우기 위해 식당을 찾아 나섰다. 여기저기에서 샤슬릭(꼬치) 굽는 냄새가 풍기고 출출한 나를 유혹한다. 샤슬릭(꼬치) 굽는 냄새를 따라 모퉁이를 돌아가니 작은 식당이 나오고 불쑥 들어간 나에게 우리나라에서 이주민노동을 했다는 한 남성이 우리말로 오로지 샤슬릭(꼬치)만 판다고 한다.

내 숙소가 있는 골목으로 갔더니 맞은바라기에 있는 가정집도 높다란 철제대문을 활짝 열어두고 한 중년남성이 샤슬릭(꼬치)을 굽고 있었다. 가정집 앞마당이 곧 식당이었고, 이곳도 샤슬릭(꼬치)만 판다고 한다. 나에게 친절했던 그 중년남성도 우리나라에서 이주민노동을 하고 돌아온 지 겨우 한 달밖에 안 되었다고 하면서 우리나라에 또 가고 싶어했다.

▶ '모래땅'이라 불리는 레기스탄 광장의 한 부분이다.

이튿날, 후더운 날씨를 피하려고 아침 일찍 작은 가방을 걸메고 거리로 나갔다. 현금도 인출하고, 배낭여행자들에게 인기 좋은 민박집을 찾을 겸 해서 서둘렀다. 레기스탄 광장(The Legistan Square) 너머에 있는 민박집을 몇 군데 둘러보고는 예약해 놓고 현금인출기를 찾아 나섰다. 지나가는 낡은 자동차 택시를 타고 국립은행으로 가보았다. 우리나라에서 이주민노동을 했었고, 조만간 또 일하러 들어가는 택시운전기사가 우리말로 인사를 건넨다.

토요일인데도 예스럽고 규모가 작은 국립은행은 문을 열었다. 그러나 월요일에나 컴퓨터로 인출할 수 있고, 내 카드는 어떻게 될지 모르겠단다. 여태껏 드팀없던 이 국제현금카드가 자기 역할을 못하고 있다. 타슈켄트(Tashkent)행을 늦잡을 수 없기에 곧바로 시외버스 정류장으로 가는 자동차 택시를 잡았다. 장사꾼, 호객꾼, 자동차, 시외버스 등 뒤죽박죽인 시외버스정류장에는 괘다리적은 사람들의 시달림에 점점 까슬까슬해진다.

거리를 걸으면서 많은 이슬람사원에 옥으로 된 푸른 돔(Dom)이 따사한 아침 햇살에 눈부셨다. 레기스탄 광장(The Legistan Square)과 이슬람사원 안의 시장만 오롯하게 거닐어 보고는 다른 화려한 이슬람사원과 마드라사(이슬람 신학교), 비비하눔 사원, 티무르 왕가의 유해가 있다는 구르에미르 등 2001년도에 유네스코 세계문화유산으로 지정된 사마르칸트(Samarkand)의 유적지에 몇 발자국만 남긴 채 옷깃 스치듯 한 것이 못내 마음에 설차고 시쁘기만 하다.

▶ 푸른 돔이 도두보이는 이슬람사원들

타슈켄트(Tashkent)에서 저녁에 출발한 침대 기차는 다음 날 아침 8시가 되어서야 부하라(Bukhara) 역에 도착했다. 새벽녘에는 어린이들의 재잘거림에 설핏설핏 잤더니 찌뿌듯하다. 흐리터분해진 눈을 말갛게 하고 싶어서 작은 식당에 앉아 아침 커피를 주문했더니 믹스커피가 나온다. 라그만(Lagman, 중앙아시아의 스파게티)만 조금 먹고는 바로 일어나 노란색 작은 버스를 타고 현대식 건물이 많은 중심지를 지나 예스러운 '라비하우즈(연못)'까지 갔다.

500년 된 뽕나무가 있는 연못 주변은 광장의 나무 빼고는 온통 흙빛 세상이고, 숙박시설(호텔, 여관, 민박집 등)과 구멍가게, 수공예품가게, 작은 음식점, PC방이 모두 옛 건물로 되어 있다. 배낭을 메고 과거로 시간여행을 떠난 것 같다. 17세기에 지어진 라비하우스 광장에는 이슬람신학자였던 라스레딘 동상이 있고, 관광객들에게 사진촬영지로 인기가 좋다. 한낮에는 불볕더위라서 걷는 것조차 힘들 지경이다. 늦은 저녁, 식당을 찾아 이리저리 돌아다니지만 라비하우스 레스토랑(늘 인기가 많다)과 이슬람 양식의 작은 원통으로 된 식당이 눈에 띤다.

▶ 바둑판 같은 길을 따라 라비하우즈로 가다.

　다음 날, 아침 일찍 수공예품 가게가 많은 이슬람양식으로 된 상업
구역을 거쳐 부하라(Bukhara)의 상징물이자 중앙아시아에서 가장 큰 첨
탑인 칼란 미나레트(12세기에 세워지고, 한때 처형대로 사용했었음)와 칼란 이
슬람사원으로 서붓서붓 걸어갔다. 지금도 예배당으로 쓰이고 금요일
예배 때는 사원 전체가 꽉 찬다는 칼란 이슬람사원에서 만난 한국인
관광객들은 사원이 천공으로 되었다면서 단체사진을 찍는다고 와자지
껄 시끄럽게 떠든다. 나는 사원 뜰 한가운데 있는 뽕나무를 중심으로
사진만 몇 장 담고는 건너편에 있는 이슬람학교 입구까지 들어갔다.
그러나 지금도 남학생들의 신학교로 쓰이고 있어서 못 들어간단다.

　햇살은 뜨거워지고, 하늘색 스카프로 햇빛을 가리며 부하라 왕들
이 거주했던 아르크 고성으로 갔다. 사암으로 된 독특한 벽이 인상
깊고, 외국인차별요금을 내고 부하라 시가지가 모두 보이는 성곽은
수많은 침략을 받은 부하라 왕들의 애환이 서려 있는 곳이다. 성곽
안에 있는 천장이 낮은 박물관에 들어가니 부하라 왕들의 빛바랜 유
품과 흑백사진이 그들의 너볏했던 삶을 말해주고 있다. 관광객이 많
이 찾지 않는 성곽 뒤편에는 재건이 안 되어 있고, 바로 옆에는 그 당
시에 감옥으로 쓰였던 사원도 있다. 그 길을 따라 계속 걸으니 좁은
골목과 일반서민들이 사는 동네가 나온다. 관광객들이 찾지 않는다는
것뿐 그곳도 유적지이기는 매한가지이다.

▶ 칼란 미나레트가 보이는 칼란 이슬람사원과 아르크 고성

　'수도원'이라는 뜻의 부하라(Bukhara)는 1993년에 도시 전체가 유네스코 세계문화유산으로 지정되었고, 2,000년의 역사를 가진 실크로드의 오아시스이기도 했던 이곳에서 이슬람문화와 친해져 본다. 저녁식사로 원통형의 식당에서 해거름 때도 더운지라 땀을 흘리거나 모기에 헌혈당하면서 쁠로프(Plov, 기름과 당근을 넣고 삶다가 볶은 노란색 밥)와 라그만(Lagman, 중앙아시아의 스파게티), 샤슬릭(꼬치)을 즐겨 먹었던 추억거리도 남겨 놓는다. 번거롭지만 시간을 아끼기 위해 타지키스탄(Tajikistan) 수도 두샨베(Dushanbe)에서 신청해놓은 투르크메니스탄(Turkmenistan) 경유 비자를 찾으러 타슈켄트(Tashkent)로 가야만 한다.

▲▶ 아르크 고성에서 내려다본 부하라 시내 모습

히바(Khiva)로 들어가는 길목에 잠깐 멈춘 누쿠스(Nukus)행 기차는 '붉은 모래'라는 뜻의 키질쿰사막을 헤가르고 다음 날 점심 무렵에서야 우르겐치(Urgench)에 세웠다. 창밖을 넘성대니 기차 손님들은 여행 온 생수(얼음물), 아이스크림, 만두, 오르목(부침개 비슷한 간식거리)을 사 먹는다. 기차 안에는 레스토랑과 매점, 수레매점, 냉방장치가 없는 푹푹 찌는 침대 기차 안에서 눕다가 일어나기를 여러 차례……. 참 심심한 침대 기차였다. 기차 칸마다 담당자가 있는데 으레 외국인은 누쿠스(Nukus)까지 갈 거라고 생각했는지 히바(Khiva)로 갈 나에게 미리 얘기해 주지 않았다. 프랑스에서 모둠여행 온 대학생들과 작별인사를 하고는 부랴부랴 내려야만 했다. 하마터면 지역주민들이 오늘날까지 이슬람성곽 안에 산다는 히바(Khiva)를 놓칠 뻔했다.

어줍은 현지어(우즈베키스탄이나 키르기스어와 비슷하다)로 사람들에게 이것저것 묻고는 히바(Khiva)로 들어가는 정류장까지 같이 간다. 작은 버스에 더 많은 인원을 채웠는지 경찰이 있는 곳에서는 맨 뒷자리에 앉은 청년에게 몸을 곱송그려 숨으라고 한다. 우르겐치(Urgench)에 히바(Khiva)행 버스가 있는 정류장까지 왔고,

▶ 끝이 보이지 않는 누쿠스행 기차를 타고 히바로 가다.

일행들은 나를 알뜰하게 챙기어 히바(Khiva)까지 무사히 도착했다.

　뜨거운 태양 아래, 사암으로 된 성곽은 햇살에 반사되어 더욱 반들반들하게 느껴진다. 햇빛에 한 발자국을 내딛기 버거울 정도로 히바(Khiva)의 여름은 뜨겁기만 하다. 성곽 안에 지역주민들이 산다기에 민박집 보람판을 보고는 문이 활짝 열린 성곽 안으로 들어갔다. 더운 날씨에 점심도 거른 채 하루 종일 길 위에 있었던지라 개인욕실과 널따란 방에 머물렀다. 한여름에는 국내외 관광객들이 별로 없는 비수기라서 착한 가격으로 배낭을 내려놓게 만든다. 눈코입이 짙은 아랍계 부부가 만든 민박집 마당에는 골동품으로 동양의 예스러움을, 얼기설기 짜인 문틀과 담벼락이 서양의 세련미를 도두보는 것 같다. 한

낮의 뜨거운 태양을 피해 해거름을 등에 지고 성곽 안으로 더 들어가
서 바둑판 같은 길을 거닐어 본다. 느직느직하게 걷는 몇 명의 외국
인관광객들과 오늘 장사(주로 수공예품과 음식점)를 서서히 정리하는 지역
주민들이 보인다.

우즈베키스탄(Uzbekistan)에서 히바(Khiva)는 처음으로 1990년에 유네스
코세계문화유산으로 등록되었고, 도시 전체가 박물관이라고 해도 지나
치지 않다. 투르크멘 왕국, 부하라왕국 등 주변 왕국의 침략을 피하기
위해 이중성벽(내성과 외성)으로 만들었단다. 내성은 이찬칼라라고 불리
는데, 20여 개의 이슬람사원과 20여 개의 마드라사(이슬람신학교), 6개의
미나레트(탑)가 있다. 히바(Khiva)에서 가장 높은 홋자 미나레트는 116개

▶ 이찬칼라로 들어가다.

의 계단을 밟고 올라가면 하늘과 땅에 해거름이 펼쳐지는 히바(Khiva)의 또 다른 매력에 빠질 수 있다. 1855년에 만들다가 미완성의 유적이 된 칼타 미노르 미나레트가 푸른빛으로 관광객을 사로잡고 있다.

　쉬고 싶은 마음에 누쿠스(Nukus) 여행을 다음 날로 미루고, 외성(내성 담벼락부터)에 있는 시장에서 나의 눈길을 끄는 것은 아주 싼 여름 과일이다. 짙푸른 수박, 주황색과 녹색의 멜론, 드레드레한 포도, 벌레 먹은 울퉁불퉁한 유기농 사과, 채소, 생필품, 벌꿀, 빵이 손짓한다. 우즈베키스탄(Uzbekistan)의 뜨거운 태양이 여름 과일 당도를 높여 주고 풍요롭게 해준다. 혼자 먹기에 버거운 내 머리 쉼직한 수박과 멜론을 들고 내성 이찬칼라 출입문 앞에 있는 식당으로 가서 손짓발짓으로 뜻을 전하고는 나눠 먹는다.

　다음 날 이른 아침, 호텔비를 내고는 시장 앞에서 우르겐치(Urgench)로 가는 전차에 몸을 싣는다. 이번 나그넷길은 완전히 사라질 위기에 처한 아랄 호수가 있는 무이나크(Mynak)로 들어가기 위해서이다. 우르겐치(Urgench) 시내에 도착해서 또 현지인들에게 묻고 물어 카라칼파크스탄 자치공화국의 수도 누쿠스(Nukus)까지 가는 공용시외버스(오전 11시에 출발하는데 막차란다)에 올랐다. 폐차 직전의 낡은 버스는 푸른색이 많은 곳으로 향하고 있다. 드넓은 목화밭이 눈에 들어온다.

메마른 땅, 카라칼파크스탄 자치공화국으로 가는 길에 자칫 감자밭처럼 보이는 목화밭은 속사정도 모르고 푸르기만 하다. '검은 모자'라는 뜻의 카라칼파크스탄(Karakalpakstan)에 들어섰는지 검문소가 보인다. 낡은 버스는 다시 신 나게 달려 오후 3시 무렵에 수도 누쿠스(Nukus)에 다다랐다. 시외버스정류장에 나만 내려주고 버스는 쏜살같이 달아난다. 사막의 혁혁한 바람이 불어오고, 터벅터벅 걷는 내 발이 땅에 닿는 대로 흙먼지가 피어오른다.

작은 버스를 타고 누쿠스(Nukus) 시내로 들어가서 두리번거린다. 몇 개의 큰 버스와 즐비한 작은 버스, 시장, 암거래상인들이 모여 있는 버스정류장에 내려 배낭을 메고 걸어가는 나에게 암거래상인들이 환전하자고 귀찮을 정도로 묻는다. 혹시 몰라서 환율만 물어보고는 호텔을 찾아 나의 길을 나섰다. 한 아주머니에게 현지어로 호텔을 물어보고, 그 아주머니는 한 청년에게 물어보고……. 이렇게 누쿠스지역박물관 옆에 있는 중급호텔을 어렵사리 찾았다. 작은 마당에는 레스토랑과 유르트(Yurt)가 있다. 더운 날씨지만 유목민의 전통가옥인 유르트(Yurt)에서 묵기로 했다. 배낭여행자와 모둠관광객(외국인)에게 인기가 많은 곳으로 직원들도 친절했다.

▶ 유목민의 전통가옥 유르트에서 묵다.

　해질녘이 되자, 더위도 주춤한다. 호텔 바로 옆에 있는 독특한 건축양식의 누쿠스지역박물관에 갔으나 문을 일찍 닫았다. 우리 계통의 알타이어족의 투르크계 민족인 카라칼파크인의 삶을 전시해 두었다고 해서 관심이 많았던 나는 못내 아쉬워서 발길을 쉬이 돌리지 못한다. 12개의 주와 1개의 자치국을 가진 나라 우즈베키스탄(Uzbekistan) 영토 안에 있는 카라칼파크스탄(Karakalpakstan)이 그 1개의 자치국이다. 대통령도 따로 있으나 우즈베크 정부에서 임명한단다. 1873년에 러시아(Russia)가 히바(Khiva)를 침략하여 카라칼파크스탄을 속국으로 만들었다. 소련연방에서 우즈베키스탄(Uzbekistan)이 독립할 때 자치국으로 함께 독립하여 현재에 이르고 있다(김현조, 『우즈베키스탄의 역사』에서). 아쉬움을 남긴 채 놀이공원을 한 바퀴 돌아 어머니와 아들이 꾸리는 조금

너주레한 식당에서 우리네 잔치국수와 비슷한 국수랑 길이가 짧은 샤슬릭(꼬치)으로 출출한 배를 채운다.

이튿날 아침 8시, 무이나크(Mynak)로 가는 시내버스에 올랐으나 자리가 없어서 내내 서서 갔다. 생각했던 것보다 멀리 있는 무이나크(Mynak)는 사라져 가는, 아니 거의 사라진 아랄 호수로 알려지게 된 마을이다. 어느 정도 달렸을까. 이미 버스비를 냈는데 보조운전기사가 손님들로부터 돈을 걷는다. 5분이 지나고 길가에 한 궤짝에 그 돈을 넣고는 기도한다. 모슬렘의 기도와 헌금방식이었다. 한 마을 지나서야 마침내 무이나크(Mynak)에 닿았다. 버스보조기사에게 누쿠스(Nukus)로 돌아가는 시간을 확인해 두고 주위를 둘러본다.

얇은 하늘색 스카프를 두르고 불볕더위 속에 훗훗한 사막바람을 쐬며 마을을 터덜터덜 걷는다. 내 발소리가 크게 들릴 정도로 고요한 이 마을에서 바람을 타고 폐허의 느낌이 불어온다. 아랄 호수로 가는 길에는 수산공장의 기계가 녹슨 채 멈춰 있고, 사람들 인기척도 들리지 않는다. 저 멀리 수평선을 이룰 정도 물로 꽉 채워졌을 호수 자리에는 키 작은 풀들이 사막바람에 흔들거리고, 벼락바람이 한 번 훑고 지나가고, 녹이 슬어서 검정으로 변한 어선들이 땅에 박혀 있다. 물웅덩이조차 안 보일 정도로 메말라서 사막으로 되었다. 어획량이 풍부했던 아랄 호수에 삶의 터전을 두었던 무이나크(Mynak) 주민들은 희망과 재산을 잃어 가난해졌다고 한다. 우즈베키스탄(Uzbekistan)의 주요 수출품인 목화를 재배하는 데 농업용수로 모두 써버린지라 20세기의 가장 무서운 재앙으로 불린다.

그날 저녁, 왕복 4시간이 걸리고 식당이 없는 무이나크(Mynak)에서 돌아와서 같은 유르트(Yurt)에서 머무는 미국인 여행자(공항에서 환전할 때 환율 속임을 당해서 절반이나 손해를 봄), 다른 호텔에 머물지만 얘기하러 온 네덜란드 자전거여행자(투르크메니스탄으로 들어가려다 신청해 둔 날짜를 놓쳐 못 들어감)와 이런저런 얘기를 하며 누쿠스(Nukus)에서, 우즈베키스탄(Uzbekistan)에서 마지막 밤을 보낸다. 다음 날 아침, 그들은 4륜 자동차를 타고 아랄 호수로 수영하러 떠났고, 나는 작은 버스를 타고 은둔의 나라로 불리는 투르크메니스탄(Turkmenistan)으로 들어가는 국경에 서 있다. 설렌다.

▶ 아랄 호수가 사라짐에 따라 마을은 고요해지고, 고깃배는 녹슬다.

05

투르크메니스탄 Turkmenistan

공식명칭 : 투르크메니스탄(Turkmenistan)

위치 : 중앙아시아 서남부

면적 : 488,100㎢(한반도의 2.2배)

인구 : 488.5만 명(2009년 7월 기준)

수도 : 아슈하바트(Ashgabat)

정체 : 대통령중심제

언어 : 투르크멘어, 러시아어

인종 : 투르크멘인(85%), 우즈베크인(5%), 러시아인(4%), 기타

종교 : 이슬람교(수니파 89%), 동방정교회(9%), 기타

날씨 : 온대성 사막기후

비자 : 경유 비자(5일)가 있어야 하고, 외국인 관광객에게 관광비자
　　　를 발급하지 않는다.

시차 : 한국보다 4시간 늦다.

통화 : 마나트(Manat)

체험물가 : 생수(1L) 3~4위안, 인터넷(1시간) 6~8위안(지역별로 차이가 크다)[6]

음식 : 라그만(Lagman), 강판(Gangfan), 쁠로프(Pulov), 샤슬릭(Shashlik), 베스
　　　바르막(Besbarmak), 난(Nan), 쌈사(Samsa), 쿠무스(Kumus) 등

국기 : 5개의 문양은 투르크메니스탄의 카펫 모양을 본떴으며 밑에
　　　작은 올리브가지는 국제연합의 모양에서 따왔고, 초승달은
　　　자연적인 투르크인의 문양이다. 초록색은 투르크메니스탄의
　　　역사를 나타내고, 카펫모양은 위에서부터 테케, 유문, 얼세
　　　이, 샤이야크, 샬로를 나타낸다.

• 자료출처 : 주 투르크메니스탄 대한민국대사관 www.tkm.mofat.go.kr

---

6) 2011년 8월, 필자가 여행했던 당시의 체험물가이다.

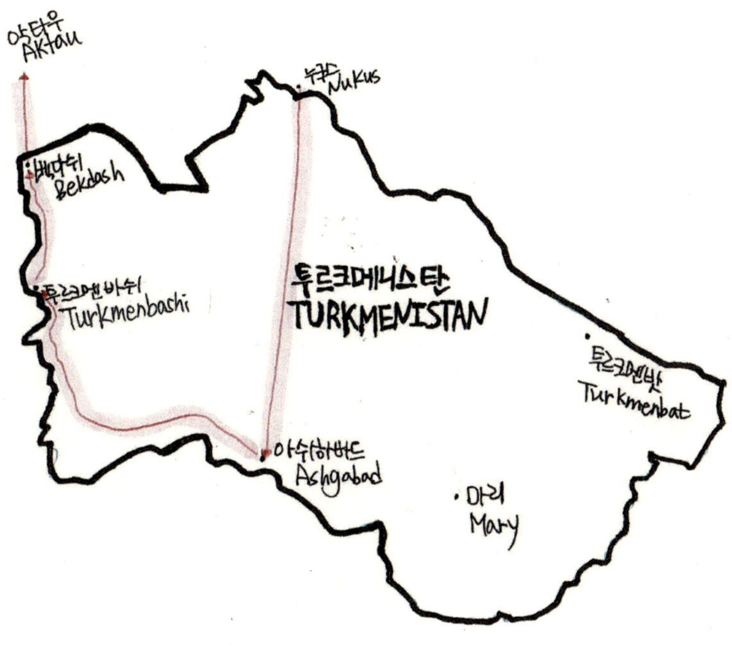

우즈베키스탄 누쿠스Nukus → 투르크메니스탄 아슈하바트 Ashgabad →
투르크멘바슈Trukmenbashi → 베크다슈Bekdashi → 카자흐스탄 악타우Aktau

투르크메니스탄(Tukmenistan) 국경으로 가는 작은 버스 안에서 내가 그 나라에 대해 무엇을 알고 있는지 곰곰이 생각해본다. 은둔의 나라, 독재의 나라, 풍부한 석유, 카스피 해, 철갑상어, 투르크멘바슈, 관광 비자를 받기 어렵다, 한국 음식점을 했던 한국인 한 명마저 추방당하여 한국인이 없다는 것이 전부다. 우즈베키스탄(Uzbekistan) 국경 앞에는 몇 명의 현지인들이 먼저 오는 순서대로 줄 서 있는데 군인이 배낭을 둘러메고 현지인들과 우리나라 드라마 얘기를 하고 있는 나를 보더니 여행자부터 들어오란다. 현지인들이 헤식은 웃음과 야유를 보낸다. 이민국 앞에서 출국서류를 쓰고는 바로 몇 발자국 안 되는 투르크메니스탄(Turkmenistan) 이민국으로 들어갔다.

현대식 건물에 들어가서 창구에 있는 담당직원에게 여권과 입국서류를 내밀었더니 대뜸 돈(미국달러)을 내라고 한다. 경유 비자를 받았다고 하니, 이민국심사를 위한 별도의 비용이란다. 심사대 옆에 있는 작은 문에 빼꼼 고개를 내밀고 떨떠름한 표정으로 심사증을 받아서 다시 심사대에 여권과 서류를 제출했다. 이민국 직원이 데퉁스럽게 내 여권을 준다.

▶ 우즈베키스탄으로 들어가려는 시민들

　이번에는 신체검열을 위한 전자시스템을 건너 체중계에 내 모든 짐을 재 보라고 한다. 제복을 입은 여직원은 무게(16kg)를 공책에 적어 두고, 내 작은 가방에 있는 것들을 모두 꺼낸다. 랩탑은 아예 꺼내서 전원을 켜라고 하면서 바탕화면까지 확인한다. 큰 배낭에 있는 옷들이며 책, 안경케이스, 컵까지 모두 꺼내면서 무엇이냐고 묻는다. 게다가 '한국에서 직업이 무엇이냐?' '저널리스트냐?' '왜 투르크메니스탄에 들어가느냐?' 등 밑두리콧두리 확인한다. 인권침해를 당해도 엄청당했기에 내 얼굴은 서서히 일그러지고, 속에서는 부글부글 괴어오르고 뒤보깼다.

　투르크메니스탄(Turkmenistan)에서 하루. 뜨거운 아침 햇살 아래, 투르크메니스탄(Turkmenistan) 국경 앞은 우즈베키스탄(Uzbekistan)으로 들어가려는 시민들이 줄을 섰다. 아니 기다리다가 지쳐서 땅바닥에 앉아서 기다린다. 국경 앞에는 수도 아슈하바트(Ashgabad)나 국경마을로 승합차(나눠 타는 자동차) 몇 대가 손님을 기다리고 있다. 30분 정도 숨 좀 돌리는데 계속 아슈하바트(Ashgabad) 자동차라고 말을 건다. 그때, 반갑게도 조금 전에 같이 출입국 심사를 받았던 현지인 중년남성을 만났다.

차로 10분 걸리는 국경마을까지 가서 그곳에서 환전도 하고, 아슈하바트(Ashgabad)로 가는 다른 승합차(나눠 타는 자동차)를 탔다. 손님이 꽉 차야 떠나는지라 기다리고 기다린다. 그렇게 2시간이나 지났다. 드디어 승합차는 국토의 70%를 차지하는 '검은 모래'라는 뜻의 카라쿰 사막('불타는 지옥'으로 불리는 다르바자가 있다)을 가로질러 쭉 뻗은 카라쿰하이웨이(The Kara-kum Highway)를 질주한다. 아랍국가와 가까이에 있는지 눈코입이 짙은 인종이 많고, 여성들이 머리에 스카프를 쓰고, 몸에 딱 달라붙는 원피스(중국 전통의상만큼 딱 달라붙는다)를 입고 있다. 카라쿰 사막에는 유목민족이 살고, 낙타가 많다.

▶ 시원한 카라쿰하이웨이를 달리다.

반나절 동안 달린 자동차는 저녁 어슬녘에서야 아슈하바트(Ashgabad)에 도착했고, 가장 싼 호텔 앞에 내렸다. 새로운 도시, 그것도 거의 알려지지 않은 신비한 나라에 왔음에 마음이 글뛰는 것도 잠시. 커다란 대통령 사진이 있는 호텔에 방이 없다면서 다른 호텔로 가라고 한다. 평일인 데다가 큰 호텔에 방이 없다는 것에 고개를 갸우뚱해 본다. 다시 거리로 나와 지나가는 젊은 여인에게 호텔을 물었더니 손짓발짓으로 알려 준다.

이미 날은 어두워졌고, 저녁을 안 먹어서 허기진 배를 느끼지 못한다. 묻고 물어서 간 호텔에서도 빈방이 없단다. 늘쩍지근한 몸을 그만 쉬게 하고 싶은데 호텔에서 나를 받아주지 않는다. 택시를 타고 고급 호텔로 갈 수밖에 없다. 모르긴 몰라도 아슈하바트(Ashgabad)에서 가장 좋은 호텔로 너주레한 차림으로 들어가서 화려한 호텔에 압도당하고 말았다. 밤늦은 시각인데도 해안가 리조트에 온 것같이 화려하기 그지없는 광장에는 산책하는 가족들, 데이트하는 연인들, 자전거를 타는 어린이들이 시원한 밤바람을 쐬고 있었다. 기차역으로 가서 다음 날 떠날 투르크멘바슈(Turkmenbashi)로 가는 기차를 확인하고 날이 새기를 기다린다.

투르크메니스탄(Turkmenistan)에서 이틀. 기차역의 매표소 문이 열렸다. 매표소 안에는 이미 사람들로 북적거렸다. 나도 일단 많은 창구

중에 가장자리 쪽에 줄을 섰다. 풍부한 자원으로 국민 1인당 소득이 높다고 들었는데 공공질서는 그렇지 않은지 새치기가 한창이다. 투명한 유리판에 두 사람의 손만 겨우 들어갈 수 있는 구멍에다가 신분증을 먼저 넣는 사람이 우선이다. 회색 제복을 입은 경찰(기차역 직원일 수도 있음)들이 줄을 서라고 우악살스럽게 소리 지르고, 한 사람 한 사람씩 줄을 세운다. 완전히 초등학교 조회시간을 떠오르게 하는 광경이다.

그것도 잠시. 경찰이 없으면 줄은 없어지고 창구 맨 앞은 숨통이 막힐 듯이 사방에서 밀어붙이니 힘이 약한 여성과 어린이는 밀린다. 여기저기에서 '사람 살려!' '내가 먼저야!'라고 앙칼스레 비명을 지른다. 이번에는 내가 서 있는 창구가 공무원을 위한 곳이라면서 한 무리의 공무원들이 몰려오더니만 권력과 힘으로 밀어붙여서 자기네들이 먼저 기차표를 구입한다. 나도 하루 종일 줄을 서서 기다렸다가 문 닫을 시간에 겨우겨우 그날 저녁에 떠나는 투르크멘바슈(Turkmenbashi)행 밤기차를 탈 수 있었다.

▶ 세계에서 가장 높은 국기와 헌병이 지키고 있는 국립박물관

먹빛 구름이 잔뜩 낀 흐린 날씨에 기차표를 사놓고 시간이 빠듯하여 쉴 틈도 없이 국립박물관(The National Museum)으로 가는 시내버스를 탔다. 우리나라 'H' 회사 버스다. 물설고 낯선 이 도시에서 이렇게 작은 것에 풋정을 가진다. '사랑의 도시'라는 뜻의 아슈하바트(Ashgabad)는 화려하고 구구한 건물들이 많고, 건물이 계속 올라가고 있는 중이다. 국립박물관(The National Museum) 근처에는 개성 있는 건물이 많았고, 호텔과 각 나라의 대사관(우리나라도 있음)도 많다. 박물관 앞에는 세상에서 가장 높은 국기로 기네스북에도 올라가 있는 커다란 녹색의 투르크메니스탄 국기가 펄럭이고 있다. 헌병이 지키고 있는 국립박물관(The National Museum)은 문을 닫았기에 바깥에서 사진만 찍고는 기차역으로 갔다. 카펫박물관, 러시아 바자르, 아자디 광장의 황소동상(1948년 발생했던 대지진을 추모하는 동상)이 볼거리라고 한다.

화려한 궁궐처럼 꾸며진 기차역 안에는 우상화정책으로 현 대통령의 커다란 사진이 양옆으로 걸려 있고, 거리에도 호텔에도 그렇다. 새로 지은 건물들마다 꼭대기에는 녹색 국기가 걸려 있다. 노이로제에 걸릴 것 같다. 화려하고 신도시인 것 같지만 왠지 속 빈 강정처럼 느껴졌다. 투르크멘바슈(Turkmenbashi)행 기차는 중국에서 새로 들여왔고, 기차요금은 우리나라 돈으로 약 7천 원(특실)으로 의외로 싼 편이었다. 지난밤에 괭이잠을 잤고, 오늘 하루 종일 돌아다녔던 나는 기차가 출발하고 담당직원이 시트를 주자마자 다음 날 아침까지 발편잠에 빠졌다.

▶ 거리마다 호텔마다 대통령 사진, 건물 꼭대기마다 국기가 펄럭인다.

투르크메니스탄(Turkmenistan)에서 삼일. 기차 칸 담당자가 곧 투르크멘바슈(Turkmenbashi)에 도착하니 일어나라며 깨운다. 창밖을 보니 아침 햇살에 눈부시도록 빛나는 카스피 해(The Caspian Sea)가 보이고 한쪽에는 풀 한 포기 없는 황량한 언덕이 있다. 기차에서 내려 사람들을 따라간다. 기차역 옆에 있는 간이정류장의 버스시간표를 보며 베크다슈(Bekdash)행 표를 달라고 하자, 계속 없다고만 한다. 4륜 자동차(나눠 타는 자동차) 호객꾼들이 계속 카자흐스탄(Kazakhstan)을 외쳐댄다.

기차역 근처에서 아침곁두리를 하려는데 음식점도 호텔도 안 보인다. 말로만 들었던 카스피 해(The Caspian Sea)를 따라 아침 산책도 즐겨본다. 풍부한 자원으로 바다인지 호수인지 의견이 분분한 카스피 해(The Caspian Sea)에 내가 있다니 월커덕거린다. 택시 한 대를 잡아타고 베크다슈(Bekdash)로 가는 자동차가 있는 구역으로 갔다. 손님이 꽉 찰 때까지 기다리는데 운전기사는 내 여권에 비자를 확인한다.

드디어 마지막 손님이 탔고, 자동차는 약간 굴곡진 도로를 달린다. 카스피 해(The Caspian Sea)를 따라 달리는 이 도로가 내가 성공목표로 두었던 곳으로 지도에는 이 길이 없거나 끊겨 나오는지라 많이 궁금했었다. 군인이 지키는 검문소가 나왔고 외국인인 나만 내려서 확인받고는 자동차는 파란 하늘과 스텝지대만 있는 공간을 또 달린다. 운전기사에게 손짓발짓으로 다음 날 카자흐스탄(Kazakhstan) 악타우(Aktau)

▶ 아침녘에 카스피 해를 호젓하게 거닐다.

에 가기 위해 오늘밤은 베크다슈(Bekdash)에 머물 것이라고 했으나 나를 갈림길에 내려주고는 달아나다시피 휘익 떠났다. 옆에 앉아 있던 동네아주머니가 지금 이 시각에 스텝지대로만 된 허허벌판에 간다는 것은 무모한 행동이니 투르크멘바슈(Turkmenbashi)에서 하룻밤 묵고 내일 아침에 곧장 국경으로 가면 된다면서 나를 타이른다.

어떻게 해야 할지 난감한 표정을 짓고 있는데 조금 전 그 자동차가 다시 돌아온다. 검문소에 있던 경찰이 운전기사에게 데퉁스럽게 말을 하자 나를 베크다슈(Bekdash) 이민국까지 같이 가주고, 호텔 앞에 내려 주었다. 이민국 총책임자는 내 여권을 보며 호텔에 묵을 수 있고, 내일 아침에 국경으로 가는 자동차가 없으면 자기가 구해주겠다며 영어로 설명해 주고, 친절을 베풀어 준다. 오늘 내가 묵을 허름한 호텔 앞에 있는 카스피해(The Caspian Sea). 지나가던 낙타가 사람처럼 뒤돌아 보는데 귀엽다. 유흥업소도 하나 없는 카스피 해(The Caspian Sea)에는 늦여름의 저녁더위를 식히고, 수영을 즐기는 사람들이 있다. 오롯이 기

▶ 물결치는 소리가 더 크게 들리는 베크다슈의 카스피 해

울어져 가는 해거름 속에 마음의 평안을 찾는다.

카스피 해(The Caspian Sea)에 발만 담가 보고는 허기진 배를 채우러 동네를 이리저리 돌아다녀 보는데 변변찮은 식당이 없고, 중앙아시아 어디에서나 보게 되는 제2차 세계대전 전승비와 마을 어귀부터 보일 수 있게 걸어둔 현 대통령의 커다란 사진만이 눈에 들어온다. 야트막한 시멘트 담벼락 너머로 행진곡과 구령이 들리는 곳으로 가니 군부대였다. 그 옆에는 소비에트 시대에 소금공장이었던 건물이 섬쩍지근하게 서 있고, 하얀 소금이 아직도 남아 있는 소금밭에 들어가서 사진을 찍는데 경찰이 찍지 말라고 야단이다.

투르크메니스탄(Turkmenistan)에서 사일. 아침 일찌감치 이민국 직원들의 출퇴근 차량에 탔다. 러시아제 회색 작은 버스는 길도 없고 울퉁불퉁한 스텝지대를 잘도 달린다. 아침 9시, 어찌 되었든 국경에 무사히 도착했다. 허허벌판에 딸랑 이민국만 있는데 한뎃잠을 잤는지

▶ 멈춘 지 오래된 소금공장과 소금밭을 찍지 말라고 아닥차듯 하다.

까슬까슬해 보이는 젊은이들은 국경 문이 열리기만을 기다리고 있다.
드디어 국경 문이 열리고 황갈색 군복을 입은 키 작은 군인 두 명이
나를 먼저 부른다.

출국심사도 수나롭게 끝나고 저 멀리 보이는 카자흐스탄(Kazakhstan)
국경으로 걸어가는데 4륜 자동차에 젊은이들이 매달려서 온다. 카자
흐스탄(Kazakhstan) 이민국에서도 수월스레 입국심사를 마치고, 짐으로
가득 찬 4륜 자동차라서 많이 불편했지만 그것도 감사히 여긴다. 계
속 이어지는 스텝지대와 굴곡진 길에서 먼지를 뒤집어쓰며 4일만 주
어진 투르크메니스탄(Turkmenistan)을 잘 빠져나왔고 지금은 악타우
(Aktau)로 가는 중이니 몰강스러워졌던 내 마음이 한결 누긋해진다.

▶ 길도 없는 스텝지대를 따라 국경으로 들어가다.

06

몽골 Mongolia

공식명칭 : 몽골(Mongolia)

위치 : 중앙아시아 고원지대의 북쪽

면적 : 1,567,000㎢(한반도의 7.4배)

인구 : 259만 명(2006년 기준)

수도 : 울란바토르(Ulaan Baator)

정체 : 의원내각제

언어 : 몽골어

인종 : 몽골인(90%), 카자흐인(5.9%), 브리아드인(2%), 기타

종교 : 라마교(95%), 이슬람교(4%), 기타

날씨 : 건성 냉대기후

비자 : 관광비자가 있어야 한다.

시차 : 한국보다 1시간 늦다(몽골 서쪽은 2시간 늦다).

통화 : 투그릭(Tugrik)

체험물가 : 생수(1L) 3~4위안, 인터넷(1시간) 6~8위안(지역별로 차이가 크다)[7]

음식 : 허르헉(Horhug), 호쇼르(Hoshor), 보쯔(Bozz), 초이왕, 골리야쉬,
　　　 고릴테슐 등

국기 : 빨강은 환희와 승리를, 파랑은 충성과 헌신을 나타낸다. 왼쪽
　　　 무늬인 소욤보는 자유와 독립을 상징하는 민족적 표장이고,
　　　 전체적으로 자유와 주권을 상징한다. 제일 위의 불꽃은 민족
　　　 적인 상징으로서 융성·재생·향상·번영·종족번성을, 그
　　　 밑의 태양과 달은 몽골 전 민족을, 끝 부분의 창과 화살은 '적
　　　 에게 죽음을'이라는 의미이다. 위와 아래의 2개 직사각형은
　　　 '모든 사람들에게 성실하게 봉사하라'는 의미이고, 물고기는
　　　 '방심하지 말 것'을, 2마리의 물고기는 '남자와 여자'를, 양쪽
　　　 에 수직으로 있는 2개의 직사각형은 요새와 성벽을 의미한다.

• 자료출처 : 주 몽골 대한민국대사관 www.mng.mofat.go.kr

----

7) 2011년 9월, 필자가 여행했던 당시의 체험물가이다.

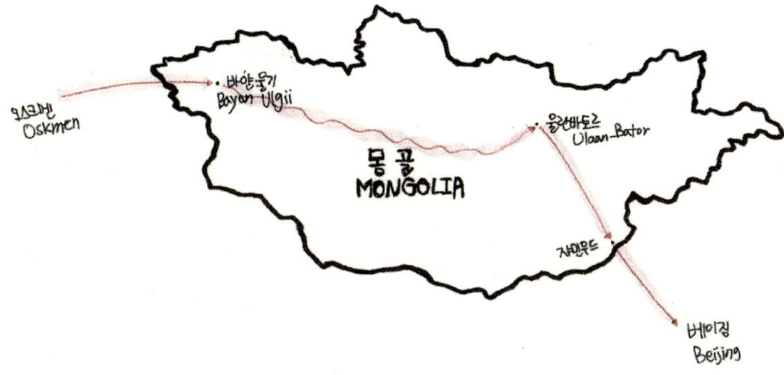

카자흐스탄 외스케멘Oskmen → 몽골 바얀울기Bayan Ulgii → 울란바토르

Ulaan Baator → 중국

중앙아시아의 길목이 되어 주는 중국(China) 신장의 수도 우루무치(Urumqi)에서 며칠 묵새긴다. 카자흐스탄(Kazakhstan) 비자를 신청해 놓고, '중국(China)은 하나'와 미이라를 도두보이게 했으나 신장 지역의 현대사(우루무치사태)에 대한 사료는 없는 신장자치구지역박물관(한국인들이 안 들르는지 한국어 안내인이 없음)을 들렀다. 중국(China) 안에서 꽤 알려진 백화점과 인민공원 주변을 거닐다가 수레에 과일을 담고 장사하는 상인들 사이에 아닥치듯 쌈싸우고 있다. 위구르족과 한족이었다.

오래전부터 위구르인들의 삶의 터전이었던 이곳에 중국정부가 풍부한 자원 때문에 몰아치듯 한족을 위한 경제부흥을 일으켰고, 위구르인들의 행복을 뺏기 시작했다. 중앙아시아를 한 바퀴 돌고는 다시 우루무치(Urumqi)로 들어오려는데 중국정부가 연득없이 카자흐스탄

▶ 중국 정부가 위구르족의 행복과 삶의 터전을 빼앗고 있다.

(Kazakhstan)과의 모든 국경을 닫았다고 한다. 나중에 들은 얘기지만, 2008년 베이징 올림픽 때 그랬던 것처럼 중국정부가 신장자치구에 계엄령을 선포했고 수많은 반정부시위자들이 공격을 받았단다.

내 계획도 수포로 돌아갔고, 늪에 빠진 듯 허우적대다가 호텔비가 만만치 않은 알마티(Almaty)에서 예비해두심에 또 놀라고 감사함을 잊지 않으며 한국인 가정에서 며칠 신세를 져야만 했다. 탄소상쇄를 위해 줄곧 육로여행을 했다가 이번에는 그 원칙을 깨야만 했다. 카자흐스탄(Kazakhstan) 알마티(Almaty)에서 북동부에 위치한 작은 도시 외스케멘(Oskmen)을 거쳐 몽골(Mongolia)로 들어가는 비행기(정해진 자리가 없고, 사탕만 주는 작은 비행기)에 올랐다. 고도가 높아서 하늘과 가까운 몽골(Mongolia) 땅이 보인다. 찬찬히 떠다니는 구름 아래로 풀 한 포기 없는 메마른 흙이 산과 땅을 덮고 있다. 야트막한 집과 건물이 성냥갑처럼

보이는 마을이 보이고, 저 작은 마을에 호텔과 현금인출기, PC방이 있을까 하고 마음속으로 걱정하고 있는데, 몽골사람들은 흥뚱대기 시작한다. 마침내 겨울들판처럼 휑한 변두리에 소슬히 있는 시골공항에 닿았다. 대체로 시부저기 입국심사를 끝내고 읍내 관공서 같은 공항 안에서 화장실을 찾았으나 밖을 가리킨다. 나무판자로 올올이 엮은 재래식 화장실였다.

　새로운 곳에서 뜰먹거리는 마음을 도스르고 마을로 향하는 도로를 따라 뚜벅뚜벅 행군한다. 구름 한 점 없는 시푸른 하늘에는 날개를 움직이지 않고 빙빙 도는 검은 새를 보며 몽골(Mongolia)에 왔음에 가볍게 설핏설핏 걸어본다. 마을 어귀에 닿을 때쯤, 빨간 혼다자동차가 멈추더니 젊은 여인이 타라고 영어로 말한다. 가족들로 꽉 찬 자동차에 엉덩이만 붙이고 앉았다. 마을 한가운데 있는 소비에트식 아파트 앞에 내려주며 따뜻한 차를 마시고 나서 호텔로 가라는 의초로운 가족들을 따라 4층으로 올라갔다. 겉에서 봤을 때는 허름한 아파트인 것 같았는데 안에 들어가니 훈훈하고, 잘 갖추어져 있었다. 따뜻함이 흐르는 이 집에서 고단함을 내려놓고 싶었다. 의사인 그녀의 어머니는

▶ 몽골 하면 떠오르는 것은 시푸른 하늘과 금수리

터키(Turkey)에서 10여 년 이주민노동을 했던 아들이 그 나라에서 생을 다하여 아들 생각에 외국인을 더 챙기신단다. 뭉클해지면서 또 미안해진다.

그날 저녁까지 맛있게 먹고 불빛이라고는 밤하늘에 송송히 빛나는 별뿐인 어둠의 거리를 달려 그녀의 단짝친구 집에서 홈스테이를 했다. 마당에 재래식 화장실과 게르[Gare, 다른 나라에서는 유르트(Yurt)로 불림]가 눈에 들어온다. 게르(Gare)를 빼고는 내가 어린 시절을 시골에 살았던 시골집 풍경과 별반 다르지 않았다. 안채에 현대식 부엌도 있는데 가족들은 게르(Gare)에서 식사도 하고 잠을 잔다. 내 눈에는 춥고 불편하게만 보이는데 그들은 오래전부터 해왔던 그런 삶이 편한가 보다. 내 어머니가 예쁜 그릇, 찻잔, 주전자를 당신의 박물관에 고스란히 두었던 것처럼 그녀도 나무로 된 찬장에 가지런히 모아두었다. 내 집처럼 포근하고 편안했던지 등이 닿자마자 퇴연히 단잠에 빠졌다.

▶ 현대식으로 지어진 집 마당에는 게르가 있다.

이튿날, 창문 너머로 따사로운 아침 햇살이 비췬다. 물이 귀한 이 곳에서 고양이 세수만 하고는 가족들이 묵는 게르(Gare)로 들어갔더니 카자흐스탄 방송을 보고 있다. 내가 몽골어가 아닌 키르기스어(카자흐어와 비슷함)로 아침인사를 하자 미소를 띠며 신기하게 쳐다본다. 지난 밤에 카자흐스탄(Kazakhstan) 알마티(Almaty)에서 승합차로 2박 3일 걸려 왔다는 한 아주머니는 알마티(Almaty)에서 일을 한다고 한다. 그러고 보니, 내가 묵는 홈스테이 가족도 어르신들 빼고 아들들이 알마티(Almaty)에서 생활한단다.

그들은 카자흐인들이었고, 카자흐스탄 정부가 디아스포라정책으로 '제2의 카자흐스탄'인 이곳 바얀울기(Bayan Ulgii)에 사는 카자흐인에게 시민권을 주고 불러들이고 있다. 이 거친 몽골 땅에서 모진 차별(몽골 정부의 차별정책이 심함)을 받으며 살다가 삶의 윤택함을 누리려고 카자흐스탄(Kazakhstan)으로 들어갔다가 향수병으로 마음의 고향인 이곳으로 다시 돌아온 이들도 있다고 한다.

▶ 중앙아시아에서 많이 먹는 간식거리

아침 식사로 따뜻한 홍차와 입요기거리, 양고기덮밥을 내 준다. 사납게 짖어대는 개를 피해 대문 밖으로 나가 본다. 파란 하늘에는 또바기 검은 새들

(금수리)이 하늘을 빙빙 날다가 다시 내려온다. 거리에는 전력 부족으로 제 역할을 못하는 가로등이 서 있고, 우리나라 중고트럭과 승합차, 러시아제 승합차도 거리를 달린다. 이 작은 마을에 의외로 은행이 많다. 1층으로 된 박물관은 주말에는 문을 닫는다면서 월요일에 오라고 한다. 대부분 박물관이 월요일에 휴관을 많이 하는데 몽골(Mongolia)은 그렇지 않은가 보다. 발길을 돌려 닿는 대로 걸어 본다. 터키(Turkey)에서 온 이슬람 선교사들이 눈에 많이 띄고, 가축 가죽을 바닥에 놓고 손님을 기다리고, 박물관 근처에는 카자흐스탄(Kazakhstan)과 러시아(Russia)로 가는 승합차 몇 대(몽골인들도 러시아 비자가 없이 러시아국경을 넘어 카자흐스탄으로 들어간다)가 있다. 환전도 해준다.

월요일 아침, 울란바토르(Ulaan-baator)로 떠나는 날이다. 일찌감치 홈스테이 가족들과 인사를 해두었다. 잠깐 어린이개발 분야에 권위가 있는 국제비영리단체(NGO)에 들렀더니 금발 염색을 한 여직원이 외떨어진 이곳에 한국인이 있다면서 전화번호를 적어 준다. 청소년교육을 위한 비영리단체를 운영하는 한국인을 만났는데 나그네인 나를 집까

지 초대해준다. 창틀에 놓인 화분에 점심 햇살이 아롱지고 텃밭에서
직접 기른 상추와 배추로 겉절이와 김치가 나오는데 세상없이 귀한
점심식사를 했다. 농사를 지을 수 없는 메마른 땅인지라 식료품과 생
필품을 수도 울란바토르(Ulaan-baator)보다 가깝고, 저렴한 중국(China)에서
들여온다. 카자흐스탄(Kazakhstan) 알마티(Almaty)에서 한국계 미국인 젊
은 여성이 길을 떠나는 나에게 쥐여준 차비를 그 한국인이 운영하는
비영리단체에 전달하고는 거리를 나섰다.

  금수리 동상(10월 초, 바얀울기에 금수리축제가 있다)이 있는 광장 옆 버스
정류장으로 갔다. 한국인은 울란바토르(Ulaan-Baator)에 가는 한 몽골인
젊은 여성에게 여행자인 나를 잘 챙겨 주라며 소개해주었다. 일주일

▶ 있던 길도 사라진다는 초원버스에 타다.

3회만 운행하는 울란바토르행 버스 앞에는 차곡차곡 쌓아둔 보따리
와 사람들로 북적거린다. 2박 3일을 불편한 버스에서 말뚝잠을 자야
하고, 있던 길도 금방 사라지는 초원으로 간다. 거칠고 메마른 땅과
사회 속에서 녹록지 않은 삶의 터전을 꾸리는 카자흐인들에게 풋정
을 남기고 몽골(Mongolia)로 대장정 길에 오른다.

　점심 무렵, 짐 반 손님 반으로 꽉 찬 공공버스가 출발하려는데 내
친구 몽골여인이 짐을 다 싣지 못했다고 운전기사에게 몽골어로 말
한다. 카자흐인 운전기사는 몽골어를 모른다면서 별도의 짐삯을 내
라고 카자흐어로 다그친다. 언어가 서로 달라서 말이 통하지 않는다
며 자존심 대결도 대단했다. 버스 앞자리에는 카자흐인 청년들이,
뒷자리에는 주로 몽골인이 탔는데 같은 민족으로 그녀를 거들어준
다. 어쨌든 그녀의 모든 짐을 실었고, 마침내 버스는 초원으로 가려
고 방향을 튼다. 이 작은 버스 안에서 몽골(Mongolia) 사회분위기를 느
껴 본다.

몽골 초원을 헤가르는 초원버스에 두 나라가 있다

일교차가 큰 몽골(Mongolia). 따가운 햇살이 드리운 버스 안에서 낮잠에 들려는데 흔들림이 많은 버스가 덜컹거리고 머리, 이마가 몇 번씩 창문에 부딪힌다. 내 옆자리는 허벅지 굵은 중년여성이 네댓 살 된 딸을 안은 채 탔고, 자리 간격이 좁은데다가 그녀의 팔꿈치가 버스 흔들림에 따라 나를 친다. 나도 힘듦과 불편함에 서서히 까슬까슬해져서 앙칼스레 '에제(몽골어는 언니, 키르기스어는 엄마 혹은 아줌마), 제발!'을 외친다. 밑바닥이 보이지 않을 정도로 짐을 실은 버스는 도로를 달리다가 길이 없는 들판으로 들어서니 버스가 더 출렁거린다. 손님들 엉덩이도 들썩거리고 몸은 이리저리 춤을 춘다.

써느런 첫가을 들판에는 벼락바람이 흙을 휘몰고 지나간다. 날이 어두워질수록 바람은 세차게 휘몰아치고, 기온도 많이 떨어져서 미리 준비한 두툼한 숄을 담요 삼아 푹 뒤집어쓴다. 버스에서 한뎃잠을 자야 하는 오늘밤은 유달리 춥고, 배고프고, 졸리다. 얼마 전까지 고향에 있던 대학생들이 개강을 앞두고 울란바토르(Ulaan-baator)에 갔기에 그나마 당일 버스표가 있었다는 것에 위안을 삼는다.

밤 8시, 늦가을 들판에 어둠도 일찍 내리는데 이제는 듬성듬성 있던 게르(Gare)도 안 보이고, 배에서는 자꾸 천둥 치며 신호를 보낸다. 저 멀리 어슴푸레 보이는 불빛이 반갑다. '저 불빛이 바다로 말하면, 어부들이 잘 돌아올 수 있게 바닷길을 밝혀 주는 등대겠지.' 겨울 한파 속에 숄을 두르고 몸을 곱송그려 재래식 화장실부터 찾는다. 두 개의 식당으로 두고 버스 일행들 모둠이 몽골인과 카자흐인으로 나뉘었다. 나는 친구 따라 몽골인 모둠과 함께할 수밖에 없다. 너주레한 식당으로 들어가니 먼저 자리를 잡은 일행들이 큰 보온병에 나오는 차를 작은 사발에 따르고 나에게 건넨다. 추위에 떨리는 손을 그 작은 사발을 감싸서 녹여 본다. 국물 없는 볶음면을 주문했는데 맞갖잖아서 몽골 친구가 싸온 어설픈 쁠로프(Plov, 기름을 두르고 당근을 넣어 삶고 볶는 노란색 밥)로 속을 채운다. 불현듯 들이닥친 손님들의 주문을 시간 안에 못 맞추는 식당주인과 갈 길이 멀기에 빨리 먹고 일어나자는 운전기사 사이에 팽팽한 신경전이 오간다. 몰강스러운 운전기사 같으니라고…….

딱히 도로도 없고, 앞차가 지나간 자취를 따라가는 초원의 길은 그래서 여러 갈래이나 있던 길도 먼지가 되어 사라지는 곳이기도 하다. 공공버스가 없던 예전에는 승합차(나눠 타는 자동차)가 운행되다가 겨울철 허허벌판에서 길을 잃어 아무도 없는 곳에서 생을 다하는 사건이 많이 발생하여 정부가 이 버스제도를 만들었다고 한다. 버스는 집도 불빛도 없는 어둠 속에서 자기 빛만 쫓아 열심히 달린다.

버스가 도랑과 호수도 지나는지 물을 헤가르는 소리가 나고, 속을 따뜻하게 채운 손님들은 말뚝잠에 취한다. 자리가 없어서 복도 가운데 짐 위에서 자는 사람에게 내 큰 배낭은 베개가 되어 주고, 버스 엔진 때문에 앞자리는 덥다며 손바닥만 한 창문을 열어놓고 자는 카자흐인 여성에게 아닥치듯 창문 닫으라는 뒷자리 손님들……. 나도 지친

내 몸을 버스의 흔들림에 맡겨놓고 추위 속에 잠이 든다. 가을 겉옷
에다가 숄만 두르고 자는데 새벽녘에는 발이 시려서 더 웅크리고 자
다가 창문에 또 부딪쳐서 이마에 혹이 생겼다.

버스에서 생활한 이틀날, 따뜻한 아침 햇살에 눈을 떠 노란 커튼을 젖히니 황색 벌판 위에 흰색 눈이 흩뿌려져 있다. 새벽녘에 그렇게 춥더니 가을에서 겨울로 넘어오느라 그랬군. 아침 10시가 되어서야 작은 마을에 다다랐다. 겨울 한파처럼 맵차게 휘몰아 부는 바람을 가로질러 재래식 화장실부터 찾는다. 식당에 들어가서 화덕에 몸을 녹인다. 잠시 후, 주인아주머니가 화덕 위에 솥을 달구고는 큰 양푼에 고기와 면을 가져와서 식용유를 두르고 달달 볶다가 솥에 물을 조금 넣고 화덕에는 마른 말똥으로 온도를 높여 푸욱 찐다. 물이 많이 필요하지 않은 유목민의 전통음식이다.

몇 명은 따뜻한 국물을 넣은 고깃국을 즐긴다. 아침곁두리로 뜨거운 차로 몸을 녹이고, 푸짐한 음식으로 속을 채우고는 강행군 버스에 올랐다. 속이 든든하여 기분이 좋았던지 이번에는 앞자리 카자흐인과 뒷자리 몽골인 사이에 노래경연이 벌어지고, 주거니 받거니 하더니 친구가 되어 서로 한바탕 웃는다. 그날 밤도 나는 버스에서 괭이잠을 잤다.

▶ 뜨끈한 화덕으로 몸을 녹이고, 따뜻한 고깃국으로 속을 채우다.

버스에서 생활한 셋째 날, 드디어 오늘밤이면 울란바토르(Ulaan-baator)
에 도착. 눈 덮인 야트막한 산에는 바람이 빗질을 하고 지나갔다. 지루
한 시간의 흐름 속에 창밖을 내다보니 혹이 두 개인 낙타가 무리지어
있다. 투르크메니스탄(Turkmenitstan)과 카자흐스탄(Kazakhstan)의 남부지방
에서만 낙타가 있었는데, 중앙아시아 북부지방에도 있는지 몰랐던 나
는 놀라움을 금치 못했다. 점차 동부지역에 들어섰는지 수도에서 약
600Km 떨어진 곳부터 푸른색으로 뒤덮여 있고 양과 염소, 말이 풀을
뜯는 광경이 많이 보인다. 사람이 자연을 닮는다고 하는데 나도 자연
을 닮아 마음이 누긋해졌다. 밤 12시, 울란바토르(Ulaan-baator)에 꼽들었
는지 도시에서 환한 가로등 빛이 강마른 초원을 열심히 달린 버스를
반긴다.

천장에 나무로 얼기설기 얽힌 틈으로 아침 햇살이 드리우고 나는 찬기를 느껴 이불 속에서 몸을 웅크린다. 짙은 청회색 겨울 점퍼를 입은 친구네 아버지는 옆 창고에서 곧 이사할 큰딸네 집(게르)에 쓰일 뼈대를 만들고, 붉은 스웨터를 입고 있는 친구네 어머니는 화덕에 허섭쓰레기와 잔가지로 훈훈하게 덥힌다. 친구네 언니는 갓 태어난 아이에게 젖을 물리고, 그녀의 남편은 쌀쌀한 새벽녘에 일하러 나갔다.

화덕을 한가운데 두고 세 개의 침대가 있고, 나무판으로 만든 출입문 양옆으로 찬장과 세면대(개수대에 수도꼭지를 달았다)로 단출한 살림살이. 여럿이 같이 쓰는 화장실은 사립문 옆에 외로이 서서 시내를 내려다보고 있다. 나는 지금 가족 모두가 한 공간에 사는 유목민 전통 가옥인 게르(Gare, 여름에는 덥고 겨울에는 춥다)에 고단한 짐을 내려놓고 열흘을 묵새기며 신세를 졌다. 고맙고, 미안할 정도로 끼니때마다 다붓하게 챙겨 주고, 친구네 가까운 친척인 무속인이 옆 게르(Gare)에서 굿(우리네랑 비슷함)을 한다며 그리스도인 친구네 가족들은 계면쩍어했다.

▶ 친구네 집 게르에서 묵새기다.

　손만 뻗으며 곧 닿을 것 같은 파란 하늘 아래 웃자란 나무로 울타리가 쳐진 마당에는 네 개의 게르(Gare)가 있고, 따사로운 아침 햇살을 받으며 사립문에 서니 '붉은 영웅'이란 뜻의 울란바토르(Ulaan-Baator) 시내가 한눈에 들어온다. 언덕에 가정집이 옹기종기 모여 있는 이웃 동네, 시내 한가운데는 높은 빌딩과 아파트, 큰길이 보인다. 맞은바라기에 칭기즈칸 동상과 제2차 세계대전 승전비가 있다는 자이슨 전망대가 어렴풋이 보인다. 삶이 녹록지 않은 가난한 달동네에는 둔덕지고 흙먼지 날리는 골목길도 그들의 삶을 말해주는 것 같다. 친구네 가족들은 골목길이 꼬불거리고, 여러 갈래라서 내가 길을 잃고 헤맬까봐 큰 걱정을 하는데 성탄절 트리처럼 원색의 천으로 서낭당을 만들어 놓은 조립식 건물을 눈여겨둔다.

언덕을 내려와서 큰 도로로 나갔다. 사람이 다니는 길이 울퉁불퉁하고 푹 꺼진 곳이 많아서 하이힐을 신었다가는 고꾸라질 것 같고, 굽도 몇 번씩 갈아야 할 정도로 형편없다. 시내 한복판으로 들어가는 버스를 타는 버스정류장 뒤에 우리네 라면식당(분식점)이 있고, 건너편에는 상점들이 빼곡한 사이로 우리말로 된 보람판이 보인다. 시외로 나가는 우리네 청색 중고승합차에서는 안내양이 아닥치듯 소리를 지르며 손님을 태우고 있다.

나는 우리네 중고시내버스를 타고 중심가로 들어간다. 사극 "대장금"이 방영(재방송 됨)된 이래로 한 블록 지나 한 개가 있을 정도로 수많은 한국식당(현지인이 운영하는 곳도 많다), 서울거리(남양주거리도 있음) 근처에 있는 큰 한국슈퍼, 대형마트에 있는 한국 식료품들, 저녁에는 한국드라마가 가족들을 TV 앞에 모이게 한단다. 내 친구네 가족들도 한국드라마 할 시간이 되면 하던 일을 멈추고, 드라마 중간에 광고 나올 시간에 뒤미처 일을 할 정도로 많은 몽골인들이 한국에 흠뻑 취

▶ 우리 것이 울란바토르에서 인기가 많다.

해 있었다.

　9월 중순, 몽골(Mongolia)은 겨울이 빨리 온다. 곧 눈이 쏟아지려는지 눈구름이 하늘을 덮고 있다. 새벽빛이 엷브스름히 비치는 거리에서 아침 버스를 타고 기차역으로 갔다. 바깥에서 기다렸다가 아침 8시에 문을 여는 매표소로 들어가야 하는지라 겨울 한파 속에 100여 명의 사람들이 발을 동동거리며 서 있다. 얄궂게 새치기하려는 남자에게 짙은 회색 제복을 입은 기차역 직원(어쩌면 경찰)이 전기충격기로 위협한다. 매표소에 들어가서 줄을 서도 창구 앞으로 갈수록 차례는 없어지고 손을 먼저 내미는 사람이 표를 사고 분주함에 뺨이 빨개진 여직원 말투가 점점 데퉁스러워진다. 감사하게도 우리나라에서 이주민노동을 했다는 한 중년남성의 도움으로 다음 날 중국(China)과의 국경이 있는 자민우드(Jamiin Uud)행 기차표를 살 수 있었다.

　여전히 먹빛 구름으로 잔뜩 끄물거리는 날씨 속에 기차표를 사서 기분 좋은 마음으로 시내(중국대사관 근처)를 걷는데 말끔하게 생긴 젊은 청년이 뒤로 멘 내 가방을 열기에 뭐라고 했더니 되레 훔쳐간 적이 없다면서 뻔뻔스럽고 헌걸스러운 태도를 보여 준다. 그렇지 않아도 시내 다닐 때마다 무단 횡단하는

▶ 도시 전체가 시끌벅적한 울란바토르

시민들과 무법질주하는 운전자들 때문에 신경이 곤두서는데 말이다. 말갛게 개인 이튿날, 홈스테이 가족들과 아쉬운 작별인사를 하고는 전차를 타고 기차역으로 갔다. 우리나라에서 이주민노동을 했다는 기차역 직원이 내 여권을 확인하더니 우리말로 인사를 건넨다.

다음 날 아침, 누굿한 가을 날씨에 산들산들 부는 바람에 기분이 좋아진다. 따뜻한 남부지방 자민우드(Jamiin Uud)에서 내몽골(중국에서는 제2의 중국으로 불림)로 들어가는 국경에 서서 한숨 돌려 본다. 중국(China) 칭다오(Qingdao)에서 며칠 묵새기며 나의 이데아와 현실의 감정이 엉기거나 엇비끼지 않고 둘이 이음매가 되도록 마음을 도스른다. 나의 오아시스를 찾아 떠났던 중앙아시아. 그곳에서 나의 하나님은 마음속에 있던 짠 소금을 내뱉자 뒤미처 삶의 갈급함에 목말라 엎어졌던 나를 일으켜 세워주셨고, 광야의 벌판에서도 소금기둥이 되지 않도록 기름부음으로 나를 이끌어 주셨다. 척박한 광야에서 값진 말씀을 주춧돌로 삼아 감사함과 은혜로움으로 채우는 삶이 곧 내가 찾고자 했던 오아시스.

끝.

중앙아시아 한 바퀴
이렇게 돌다!

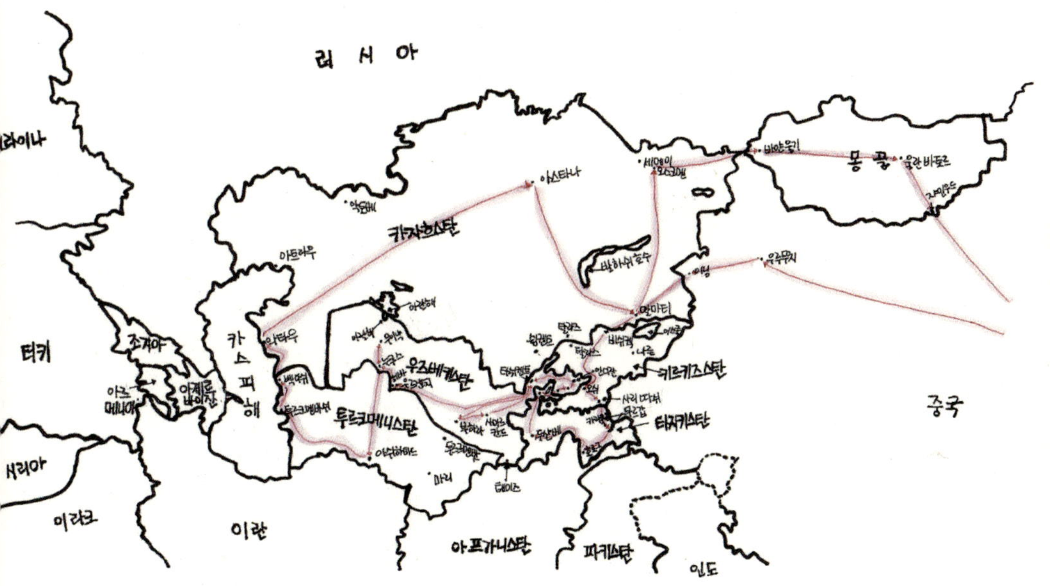

항 목	세 부 물 품	비 고
비자서류	여권, 사진 10장(비자용), 여권사본 5장, 미국달러	
의류 & 화장품류	방수 점퍼, 카디건, 긴 바지(의식 & 행사 참여), 반바지, 민소매, 속옷, 스카프, 여름 양말, 모자, 담요, 사롱, 등산화, 운동화, 슬리퍼(샌들), 등산용 장갑, 화장품, 자외선차단제	만년설 트레킹을 위해 겨울옷 필수
세면도구류	수건, 손수건, 치약, 칫솔, 천연비누	
식기류	보온컵, 물통, 수저, 젓가락, 플라스틱 용기, 작은 칼	
기기류	휴대용 컴퓨터, 사진기, 헤드 전등, 손전등, 손톱깎이	휴대전화
약품류	지사제, 소화제, 감기약, 습진 연고, 일회용 밴드, 물파스, 모기약 등	
기타	배낭, 귀중품용 가방, 지도, 수첩, 성경, 볼펜, 선물용 볼펜, 손목시계, 선글라스 2개, 안경 2개	

<나라별 비자>

나라	비자 종류	발급 소요일	체류기간	비자비용
중국 <관광비자>	국내: 지정여행사 통한 중국대사관에서 발급	1일, 3일, 7일 중 본인 선택	30일	US $55 US $60
	몽골 울란바토르의 중국대사관에서 발급	당일, 2일, 7일 중 본인 선택		
카자흐스탄 <관광비자>	중국 우루무치의 카자흐스탄 비자발급처에서 발급	3일	30일	US $20
키르기스스탄 <관광비자>	카자흐스탄 알마티의 키르기스스탄대사관에서 발급	당일, 5일, 10일 중 본인선택	30일	US $115
타지키스탄 <관광비자>	키르기스스탄 비슈케크의 타지키스탄대사관에서 발급	바로 발급	30일	US $60 +50Som
우즈베키스탄 <관광비자>	키르기스스탄 비슈케크의 우즈베키스탄대사관에서 발급	7~10일	30일	US $75
투르크메니스탄 <경유 비자>	타지키스탄 두샨베에서 신청한 후 우즈베키스탄 타슈켄트의 투르크메니스탄대사관에서 발급	7일, 10일 중 본인 선택	4일	US $35
몽골 <관광비자>	카자흐스탄 알마티의 몽골대사관에서 발급	다음 날 발급	3개월	US $55

<경비 1>

국가	지출내역	국가	지출내역	국가	지출내역	국가	지출내역
중국	스다오 265Y 옌타이 93Y 우루무치 1,826Y 톈진 668Y 칭다오 1,706Y	카자흐 스탄	알마티 74,600T 악타우 19,609T 외스케멘 3,310T	키르기스스탄	비슈케크 22,546S 칸트 2,670S 오슈 1,218S 사리타슈 805S	타지키스탄	무르가프 218S 호루그 252S 두샨베 354S 후잔트 231S
우즈베키스탄	코칸트 71,100S 페르가나 30,700S 안디잔 110,000S 타슈켄트 418,675S 사마르칸트 80,700S 부하라 76,340S 히바 115,380S 누쿠스 104,110S	투르크메니스탄	아슈하바트 108M 베크다슈 62.2M	몽골	바얀울기 171,176T 울란바토르 104,450T		

<경비 2>

항목	비율(%)	항목	비율(%)	항목	비율(%)
교통비	34.00%	비자비	13.99%	관광비	1.12%
숙박비	20.66%	1% 기부	5.35%		
식품비	21.92%	생필품	2.96%	**총비율**	100%

* 여행 떠나기 전에 반드시 국제여객터미널 측에 일정과 운임을 확인하시길 바랍니다.

인천국제여객터미널

제1국제여객터미널

운항 경로	운항일정
단둥 丹冬 (단동훼리)	월, 수, 금 17:00~ 화, 목, 토 10:00
	일, 화, 목 16:00~ 월, 수, 금 09:00
다롄 大連 (대인훼리)	화, 목, 토 17:00~ 수, 금, 일 08:00
	월, 수, 금 18:00~ 화, 목, 토 10:00
잉커우 營口 (범영훼리)	화 21:00~수 22:00 토 13:00~일 14:00
	월, 목 12:00~ 화, 금 14:00
스다오 石島 (화동훼리)	월, 수, 금 18:00~ 화, 목, 금 10:00
	일, 화, 목 19:00~ 월, 수, 금 09:00
친황다오 秦皇島 (진인해운)	월 19:00~화 19:00 금 13:00~토 13:00
	일, 수 13:00~ 월, 목 13:00
옌타이 烟台 (한중훼리)	화 19:00~목 11:00 수 19:00~금 11:00 토 10:00~일 11:00
	월, 수, 금 19:00~ 화, 목, 토 10:30

제2국제여객터미널

운항 경로	운항일정
웨이하이 威海 (위동훼리)	월, 수, 토 19:00~ 화, 목, 일 11:00
	일, 화, 목 19:00~ 월, 수, 금 10:00
톈진 天進 (진천훼리)	화 13:00~수 15:00 금 19:00~토 21:00
	일, 목 12:00~ 월, 금 14:30
칭다오 靑島 (위동훼리)	화, 목, 토 17:30~ 수, 금, 일 11:00
	월, 수, 금 17:00~ 화, 목, 토 11:00
롄윈강 連云港 (연운항훼리)	화 19:00~수 19:00 토 15:00~일 15:00
	월 12:00~화 13:00 목 14:00~금 15:00

인천국제여객터미널
www.incheonferry.co.kr
대표전화 032-880-3300

평택국제여객터미널

운항 경로	운항일정
르자오 日照 (국제훼리)	월 15:00~화 10:00 수 19:00~목 13:00 금 20:00~토 16:00
	일 11:00~월 08:00 화 16:00~수 12:00 목 18:00~금 14:00
웨이하이 威海 (교동훼리)	화, 목, 일 20:00~ 수, 금, 월 10:30
	월, 수, 금 19:00~ 화, 목, 토 10:00
잉청 迎城 (대룡해운)	화, 목, 토 20:00~ 수, 금, 일 08:30
	수, 금, 일 19:30~ 목, 토, 월 09:00
롄윈강 連云港 (연운항훼리)	화, 토 23:00
	월 11:00 목 13:00

평택국제여객터미널
www.pyeongtaek.go.kr
대표전화 031-659-4403

군산국제여객터미널

경로	운항일정
스다오 石島 (국제훼리)	화, 목, 일 18:00~ 월, 수, 금 09:00
	월, 수, 토 18:00~ 화, 목, 일 09:00

군산국제여객터미널 여객팀
063-441-1221~3

사진으로 만나는 중앙아시아

[알마티 Almaty]

[악타우 Aktau]

[외스크멘 Oskmen]

[음식 Cuisine]

[비슈케크 Bishkek] [칸트 Kant]

[오슈 Osh]

[사리타슈 Shry Tash]

[음식 Cuisine]

[두샨베 Dushanbe]

[호로그 Xhorog]

[파미르 하이웨이 The Pamir Highway]

[무르갑 Murgab]

[호잔드 Xhojand]

[음식 Cuisine]

[타쉬켄트 Tashkent]

[코칸드 Kokand, 페르가나계곡 Fergana Valley]

[안디잔 Andijan]

[부하라 Bukhara]

[히바 Khiva]

[무이냑 Mynak]

[음식 Cuisine]

[아슈하바트 Ashgabad]

사진으로 만나는 투르크메니스탄

[투르크멘바쉬 Turkmenshi]

[베크다슈 Bekdash]

[울란바토르 Ulaan Baator]

[바얀 울기 Bayan Ulgii]

[초원 Grass]

[음식 Cuisine]

사진으로 만나는 우루무치

[우루무치 Urumqi]

[음식 Cuisine]

이정민

대학교에서 사회복지학을 전공했고, 필리핀(양육시설과 현지 학교에서 생활)과 키르기스스탄(시골학교에 병설유치반 설립)에서 해외자원활동을 했다. 두 차례의 해외자원활동은 우물 안 개구리가 되지 않게, 그리고 나 자신을 아는 데 큰 도움이 되었다. 혼자 떠나는 동남아시아 일주와 중앙아시아 일주는 나를 새로이 함과 동시에 나를 성장시켜 주었다. 학교라는 틀보다는 틀이 없는 세상에서 많은 것을 배웠다. 일주를 끝내고 지금은 여러 이야기를 안고 우리나라에 같이 사는 이주여성의 예술적 소양을 끌어 올려 그녀들에게 경제적 이익이 돌아가도록 설립한 비영리단체, 에코팜므(EcoFemme)에서 섬김을 배우고 있다.

중앙아시아 육로여행

내가 꿈꾸는 그곳

초판인쇄 | 2012년 8월 10일
초판발행 | 2012년 8월 10일

지 은 이 | 이정민
펴 낸 이 | 채종준
펴 낸 곳 | 한국학술정보㈜
주   소 | 경기도 파주시 문발동 파주출판문화정보산업단지 513-5
전   화 | 031) 908-3181(대표)
팩   스 | 031) 908-3189
홈페이지 | http://ebook.kstudy.com
E-mail | 출판사업부 publish@kstudy.com
등   록 | 제일산-115호(2000. 6. 19)

ISBN   978-89-268-3502-9 13980 (Paper Book)
         978-89-268-3503-6 15980 (e-Book)

이담
Books 는 한국학술정보㈜의 지식실용서 브랜드입니다.